水土保持科学系列丛书

南京水利科学研究院出版基金资助

基于多源遥感时空融合的
土壤侵蚀模数定量反演研究

金　秋　雷少华◎著

河海大学出版社
HOHAI UNIVERSITY PRESS

·南京·

图书在版编目（CIP）数据

基于多源遥感时空融合的土壤侵蚀模数定量反演研究/
金秋，雷少华著. -- 南京：河海大学出版社，2023.12
（水土保持科学系列丛书）
ISBN 978-7-5630-8780-8

Ⅰ.①基… Ⅱ.①金… ②雷… Ⅲ.①土壤侵蚀−模
数−定量计算 Ⅳ.①S157

中国国家版本馆 CIP 数据核字（2023）第 241929 号

书　　名/基于多源遥感时空融合的土壤侵蚀模数定量反演研究
书　　号/ISBN 978-7-5630-8780-8
责任编辑/曾雪梅
特约校对/薄小奇
装帧设计/徐娟娟
出版发行/河海大学出版社
地　　址/南京市西康路 1 号（邮编：210098）
电　　话/(025)83737852(总编室)　(025)83722833(营销部)
经　　销/江苏省新华发行集团有限公司
排　　版/南京月叶图文制作有限公司
印　　刷/广东虎彩云印刷有限公司
开　　本/710 毫米×1000 毫米　1/16
印　　张/6.75
字　　数/120 千字
版　　次/2023 年 12 月第 1 版
印　　次/2023 年 12 月第 1 次印刷
定　　价/48.00 元

前　　言

　　土壤侵蚀作为全球最为严重的生态环境问题之一,是自然因素和人为因素综合作用的结果。近年来,借助遥感技术,人们实现了对大区域面积内水土流失状况的总体把控。然而单一遥感数据源时间分辨率不足,不能形成对水土流失的有效监测。高空间分辨率遥感数据往往存在获取成本高等问题,难以满足水土保持监测日益精细化的管理需求。因此,利用 Landsat 8 和高分卫星等获取的多源遥感影像进行时空融合,生成兼具高时空、高光谱分辨率的融合预测影像,对研究土壤侵蚀动态变化有很大的促进作用。

　　本研究基于多源遥感时空融合技术,选取徐州市贾汪区为研究对象,采用中国土壤流失方程(CSLE 模型),结合各土壤侵蚀因子计算方法和时空融合预测影像解译结果,定量计算和评价 2021 年贾汪区土壤侵蚀情况,分析研究区土壤侵蚀动态变化特征。具体研究内容及结论如下:

　　(1) Landsat 8 和高分遥感影像时空融合质量评价。通过对比六种全色与多光谱融合变换结果可知,NND 变换在信息量、光谱保真度等方面表现最好。结合 STARFM、FSDAF 两种时空融合模型,从目视评价、定量评价和效率评价三方面对研究区典型区域进行融合评价。结果显示,以 STARFM_NND 时空融合方案效果最佳,能清晰反映出地物类型的变化,有利于后续土地利用类型的解译。

　　(2) 各级强度土壤侵蚀面积计算值的动态分析。通过对时空融合预测影像进行目视解译,并结合降雨、土壤和地形等资料,定量计算各土壤侵蚀因子和土壤侵蚀模数。根据侵蚀强度评判标准,贾汪区微度、轻度、中度和强烈侵蚀面积分别为 540.46 km^2、64.25 km^2、6.35 km^2 和 1.05 km^2,占贾汪区总面积的 88.29%、10.50%、1.04% 和 0.17%，无极强烈及以上侵蚀强度。计算值精度均达到 97% 以上，误差较小。

（3）分析贾汪区 2021 年度土壤侵蚀总体分布特征及与各因素之间的关系。贾汪区水力侵蚀以微度侵蚀为主，轻度及以上强度主要分布在人为扰动地块和坡度较大的区域，年度消长情况呈现转好的态势。斜坡及以上坡度带应重点考虑较高强度的水土流失防治措施。从不同土地利用类型来看，应以耕地、林草地和建设用地为水土流失防治关注的重点，且需侧重于植被覆盖度 45%～75% 区间的治理。

本书的出版得到了国家自然科学基金项目（42101384）、南京水利科学研究院中央级公益性科研院所基本科研业务费专项资金项目（Rc923003、Y921005、Y922003、Y923005）、江苏省自然科学基金项目（BK20210043）、安徽省自然科学基金项目（2308085US04）、江苏省先进光学制造技术重点实验室开放基金项目（KJS2141）、南京市水务科技项目（202303）的资助。

目　　录

2.

3 多

3

0

引　言

    土壤侵蚀是目前土壤健康和可持续发展面临的最大的环境问题之一,严重影响到土壤结构、生态环境和农业发展,引发水系泥沙淤积、水体富营养化及区域生物多样性下降等诸多问题[1]。受自然和人为两方面因素影响,土壤及其母质在重力、水力、风力等作用力下,逐渐被剥蚀、输送和沉积,从而形成土壤侵蚀现象。我国是世界上水土流失最严重的国家之一,以水土流失面积范围大、分布广,水土流失总量多,侵蚀强度剧烈为主要特点[2]。根据 2020 年全国水土流失监测报告,在全国范围内,共有 269.27 万 km² 土地存在水土流失问题。在全国水土流失总面积中,水力侵蚀占到 41.59%。纵观国家监测重点战略区、重点生态功能区等重点区域,我国的水土流失总体情况有所改善,但开展水土流失的持续监测仍是当务之急。与传统的水土保持监测相比,遥感监测应用范围广,兼具时间周期短、成本低、监测效率高等优点,能够短时间内实现对区域内的水土流失现状、动态变化以及防治情况的准确掌控,进而为土地合理利用、生态环境建设和水土流失防治提供可靠依据。

    目前,土壤侵蚀模型已成为监测和预报土壤流失的重要工具,并从最初的定性评价向定量化计算推进。早期土壤侵蚀模型以通用土壤流失方程(Universal Soil Loss Equation,USLE)和修正的通用土壤流失方程(Revised Universal Soil Loss Equation,RUSLE)为代表。而刘宝元教授在此基础上,考虑到地形和水土保持措施特征,深入细化模型因子,提出了中国土壤流失方程(Chinese Soil Loss Equation,CSLE)。

    然而,土壤侵蚀是一个多时空尺度过程[3],其分布具有明显的时空变化特征和地区差异,并被具有不同时空分辨率和波段设置的卫星传感器捕捉和记录。且高空间分辨率遥感数据往往存在成像周期较长、易受云雾影响等问题,导致高质量数据获取难度大、成本高,从而影响土壤侵蚀模数的遥感反演时效性。相比之下,时间分辨率较高的遥感数据虽具有时效性,但其较低的空间分辨率无法满足水土保持监测日益精细化的管理需求。而多源遥感影像数据具有冗余、协同和互补的特性。可根据特定算法融合多源遥感影像,生成基于规定地理坐标系的新图像,从而进一步提高空间分辨率以及分类精度,强化地物特征。通过高空间和高时间分辨率遥感数据的结合,构建高时间、高空间分辨率的遥感影像,对于研究不同时空尺度下土壤侵蚀模数变化有很大的促进作用。

本研究以徐州市贾汪区为研究区,研究方法选用中国土壤流失模型,分析Landsat 8、高分等遥感数据的尺度效应,研究多源数据时空融合的机理和模型方法,厘清多源遥感数据尺度效应对计算土壤侵蚀模数的影响机制,提出基于多源遥感时空融合的土壤侵蚀模数定量计算方法,实现对土壤侵蚀模数的时空连续估算,从而弥补单一遥感数据源在空间和时间上难以满足水土流失监测精细化、高效化需求的现实缺陷,为水土保持监测提供客观、科学的技术依据。

1

绪　论

1.1 国内外研究进展

1.1.1 土壤侵蚀模数定量研究的发展

19 世纪 80 年代,德国土壤学家 Ewald Wollny 创立了径流小区方法,率先开始了土壤侵蚀的定量研究,而后美国学者于 20 世纪初率先进行了定量试验。美国学者 Wischmeier 和 Simth[4] 在 20 世纪 50 年代的水土流失研究中,尝试进行了多次模拟汇编和流失结果评价。1965 年,他们[5] 利用 10 000 多个径流小区的实测数据,在地形因素的基础上,新增降雨径流、土壤和植被覆盖度等影响因子,总结得出了最早的通用土壤流失方程 USLE。但由于 USLE 模型大多以美国地区为试验区,其适用范围有限。为此,Renard 等人[6] 丰富了各因子的实际意义,形成了新一代土壤侵蚀预测模型——修正的通用土壤流失方程 RUSLE。该模型实现了不同条件下的土壤侵蚀模数的量化,揭示了与各侵蚀因子之间的关系。相较于 USLE 模型,RUSLE 模型虽结构相似,但计算涉及的资料更丰富,并考虑了土壤的分离过程,且能兼顾进行年降雨、次降雨侵蚀量的计算。该模型的预测值与前者相比更为精确,并因模型的经济性和实用性被广泛应用于水土流失的预测和治理工作中[7-11]。

20 世纪 40 年代,国内学者对土壤侵蚀的研究也开始逐步深入。通过总结分析水土保持试验站的观测资料,刘善建[12] 率先提出了计算坡面年土壤侵蚀量的公式。20 世纪 50 年代,黄秉维[13]、朱显谟[14] 等人对土壤侵蚀的影响因素进行了深入研究,为我国土壤侵蚀研究奠定了坚实的基础。20 世纪 70 年代,我国学者利用国外引入的 USLE 公式,进行了大量的试验研究。由于 USLE 和 RUSLE 模型的坡度适用范围为缓坡地,并不完全适用于中国的地形情况。到 20 世纪 80 年代后,国内的专家学者结合我国的实际地形特征,提出了一系列模型改良方案。林素兰等[15] 根据流失量与五大因子的关系,确定了辽北低山丘陵区的模型参数修正值。杨武德等人[16]总结建立的南方红壤区修正式土壤流失方程,通过不同影响因素对不同类型地物的流失量进行回归分析。江忠善等人[17]的坡面水蚀模型对浅沟侵蚀影响进行了修正处理。花利忠等[18]利用小流域资料,选用 USLE 公式对土壤侵蚀量进行统计分析。

刘宝元等人[19-20]基于 USLE、RUSLE 模型,归纳提出了符合中国土壤侵蚀特征的土壤流失方程 CSLE,其中包含了降雨侵蚀力因子 R、土壤可蚀性因子 K、坡长坡度因子 LS,并在此基础上,充分考虑了生物措施 B、工程措施 E 和耕作措施 T 三因子对土壤侵蚀的影响程度。CSLE 模型自提出以来,已在全国水土流失动态监测工作中得到广泛应用。CSLE 模型可以根据不同土地利用情况、植被覆盖情况、全国水土保持措施情况以及土地农作物耕作情况对各侵蚀因子进行合理赋值,简单实用,也更符合我国水土流失防治实践特征。

随着遥感技术(RS)的快速发展和广泛运用,土壤侵蚀模数与遥感技术相结合的定量研究已成为现阶段研究的焦点。经过数十年的发展,土壤侵蚀模数的定量研究已经从现场试验发展到遥感反演,土壤侵蚀模数与遥感技术相结合的方法也得到了广泛的研究探讨。

国内学者结合遥感技术对土壤侵蚀进行了广泛的研究。高峰[2]借助遥感与 GIS 技术,对 CSLE 模型在典型红壤区及喀斯特岩溶地区的适用情况进行了探讨。王略等[21]基于 CSLE 模型,结合统计分析和遥感解译结果,对皇甫川流域的水土流失情况进行评价。曾舒娇[22]以 CSLE 模型为基础,结合多方面的基础数据,利用遥感影像对年内植被变化是否影响土壤侵蚀估算结果进行研究。冯雨林等人[23]对国内外基于遥感技术的土壤侵蚀模型的发展过程、各侵蚀因子的计算和取值方法进行系统回顾,并总结了 USLE 和 CSLE 模型间的差异及其各因子的取值算法。侯成磊等[24]把遥感和 GIS 技术相结合,以中国土壤流失方程为基础,分别从水力侵蚀、风力侵蚀和冻融侵蚀三个方面对水土流失进行定量监测。宋媛媛等[25]采用遥感监测、实地调研、模型计算等方法,分析了农林开发活动特征及扰动图斑的时空分布,定量评价农林开发活动对水土流失的影响。田金梅等[26]以中国土壤流失方程 CSLE 为基础,从模型参数、数据采集、侵蚀强度分级等方面对区域土壤侵蚀遥感定量监测结果进行分析。

综上,遥感技术在国内已广泛应用于区域水土流失的遥感动态监测。但高时空分辨率遥感数据往往获取成本高,单一遥感数据源存在空间与时间分辨相互制约的问题,难以满足水土保持监测日益精细化的管理需求。因此,基于影像融合技术,构建高时空分辨率融合预测影像,成为水土流失动态监测新的研究方向。

1.1.2 基于多源遥感数据融合技术的水土流失动态监测研究

遥感技术的发展为人们提供了丰富的多源遥感数据[27]。随着现代遥感技术的高速发展,遥感传感器和平台呈现出多样化、多空间、多光谱、多相位和高分辨率的特点[28]。单一传感器获取的数据有限,而不同传感器在光谱、时相和空间分辨率等方面存在一定差异,因此,需要基于影像融合技术,整合多源遥感数据信息,综合分析各传感器获取的不同分辨率影像中的有用信息。融合技术在遥感数据的处理过程中,弥补了单一传感器信息量缺乏的不足,具有广泛的发展和应用前景。

图像融合是指在特定的地理坐标系上,根据特定算法将多源遥感图像生成新图像的过程。图像融合旨在整合不同的、互补的数据,以增强图像的信息,并提高解释的可靠性,从而提高遥感影像空间分辨率,以便于替代或修补图像的缺陷或用于变化监测[29],是一种融合多源影像的先进处理技术。在进行遥感影像融合的过程中,常用的融合方法主要有 HSV 变换、IHS 变换、NND(NNDiffuse Pan Sharpening)变换、主成分(PC)变换和 Brovey 变换等[30]。在上述图像融合变换中,主成分变换主要对多光谱信息进行变换,并进行与高分辨率波段的直方图匹配处理,将处理后的高分辨率图像替换掉第一主成分,以获取融合图像[31]。HSV 变换能对光谱恶化进行缓解,而 IHS 变换能进一步提高影像的清晰度[32]。Brovey 变换可以在融合图像中更好地定义水和陆地之间的边界,并为水流分配颜色[33]。NND 变换则是对融合后的新光谱进行假定,假定其融合了原始多光谱相邻像元权重[34]。Pohl 等[29]通过匹配全色与多光谱数据,完成了高分辨率数据的融合。

大量国内外学者采用像元分解的方法,重建时空融合模型,以实现时间上的预测和空间上的细化,从而提高融合后影像的时空分辨率。由 Gao 等人[35]提出的时空自适应反射率融合模型(Spatial and Temporal Adaptive Reflection Fusion Model, STARFM)应用最为广泛。时空自适应反射率融合模型充分考虑了高分辨率数据和低分辨率数据的光谱差异、时间差异和空间距离差异,赋予中心像元的邻近相似像元以不同的权重,采用加权的方式获得预测结果。Hilker 等人[36]利用 MODIS 和 TM 地表反射率数据,对反射率的时相变化进行捕捉,从而成功监测到植被季节性的动态变化。Zhu 等[37]提出了灵活的时空数据融合(Flexible Spatiotemporal Data Fusion,FSDAF)模型。为解决混合像元问题,灵活的时空数据融合模型利用光谱解混的方法,来分别计算和校正同质区域和异质区域之间的类别变化和误差,并进一步进行误差分配,预测过程也对空间和光谱信息的权重进行考虑。Zhu 等[38]利用 Landsat 遥感数据,提出一定时间内地物反射率呈线性变化的假设,并对每一像元的转换系数进行计算,从而建立了增强的时空自适应反射率融合模型(Enhanced Spatial and Temporal Adaptive Reflection Fusion Model,ESTARFM)。特别是对于非均匀景观,在提高高分辨率反射率预测精度的同时还保留了相应的空间细节。Guo 等人[39]在现有FSDAF 模型的基础上,排除变化像素和边界像素进行解混计算,并建立新的模型。该模型对变化像素进行优化,具有强大的土地覆盖变化预测能力,为提高土地覆盖变化反演性能提供了一种可行的途径。张爱竹等[40]基于分层策略,根据相邻时刻的低分辨率反射率差值,对预测像元进行划分。其中,对于物候变化像元采用回归线性预测处理,而对于突变像元则进行加权滤波,最后通过时间加权函数融合得到最终的预测图像,从而提出了新的时空融合模型 H-SRFM(Hierarchical Spatial-Temporal Fusion Model,H-SRFM)。

随着 Landsat 陆地卫星、国产高分系列等遥感卫星的成功发射,以及无人机技术的发展,Landsat 卫星数据、高分卫星数据和无人机航拍数据已成为国家水土流失动态监测项目的常用数据[41]。运用遥感图像融合方法,对多源遥感数据进行合并,生成兼具高时空、高光谱分辨率的影像数据集,有利于促进对不同时空尺度下的土壤侵蚀模数变化的进一步研究[42-43]。然而,多源遥感数据往往在光谱设置、波段宽度、空间分辨率等因素上存在差异,不可避免地引发各土壤侵蚀因子的尺度差异,并进一步通过土壤流失方程对土壤侵蚀的定量遥感反演精度产生影响,阻碍了多源遥感在水土保持监测方面的运用。除此之外,低空间分辨率的遥感数据虽然可以免费获取,但传统多源遥感数据融合方法的时空尺度效应是否会对土壤侵蚀模数反演精度产生影响,也需要进一步探索和研究。

1.2 研究内容及技术路线

1.2.1 研究内容

本研究以徐州市贾汪区为研究区域,基于 Landsat 8 和国产高分遥感数据时空融合后的 2021 年融合影像结果,与 2021 年真实影像进行主客观评价。采用目视解译法识别土地利用类型,选取 CSLE 模型,对土壤侵蚀模数进行计算。最后进行土壤侵蚀情况的精度对比,分析研究区的水土流失动态监测结果,研究内容主要包括以下方面。

（1）基础数据收集与预处理

本研究所用的遥感影像主要包括 Landsat 8 和国产高分影像数据。影像预处理主要利用 ENVI 5.3 和 ArcGIS 10.8 软件实现,包括大气校正、波段处理、投影变换、重采样和影像裁剪。本研究中,土壤侵蚀模数所需的基础数据除了上述遥感影像资料外,还有区域内的降雨量、地形等资料,按照《2021 年度水土流失动态监测技术指南》相关要求进行数据处理,并参照对应公式进行计算。

（2）不同时空尺度遥感数据融合的研究与评价

本研究选用 Landsat 8 和国产高分遥感数据进行时空融合。首先通过 CN 变换、Gram-Schmidt 变换、HSV 变换、NND 变换等共六种融合方法对 Landsat 8 多光谱与全色影像进行处理。对融合结果进行主客观评价,选出最优融合方法。然后选取 STARFM 和 FSDAF 模型,得到 2021 年高分辨率融合预测影像,并与 2021 年真实影像从目视、指标和效率三方面进行评价。

（3）构建时空数据融合的土壤侵蚀模数遥感反演方法

利用研究区降雨、地形和土壤等数据,计算三大类主要自然因子。根据融合影像的目视解译结果,结合研究区植被覆盖度,进行三大类水土保持措施因子的赋值,并研究不同时空分辨率遥感数据融合中的精度和误差,实现兼顾高效率、高观测频率的精细化地面观测—土壤侵蚀模型—多源卫星数据的协同反演与预测。

1.2.2 技术路线

本研究以徐州市贾汪区为研究区,通过收集研究区内的遥感影像数据和降雨、地形等资料,结合 Landsat 8 和高分遥感数据进行影像预处理,对多种全色与多光谱、多光谱与多光谱融合方法结果从主观分析、客观评价指标以及效率等三方面进行评价,并遴选出最优融合策略。最后利用最优融合结果,进行土壤侵蚀模数的定量计算,并分析研究区土壤侵蚀动态变化特征。具体技术路线如图 1-1 所示。

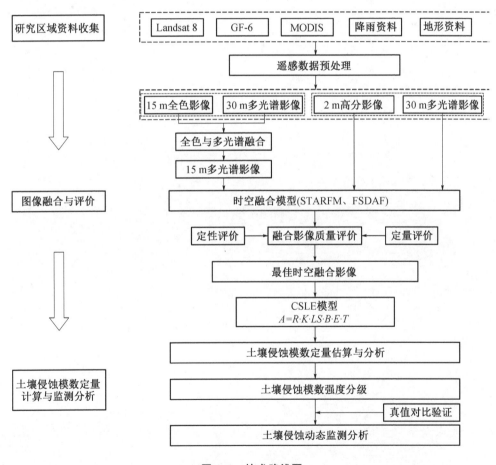

图 1.1 技术路线图

2

研究方法及数据处理

2.1 研究区概况

贾汪区位于江苏省徐州市主城区的东北部,苏鲁两省的交界处。东西相距39 km,南北相距27 km,区域总面积612.1 km²。区域东部与徐州市邳州市接壤,南部、西部以及西北部与徐州市鼓楼区、铜山区交接,北部与山东省枣庄市毗邻(如图2-1所示)。

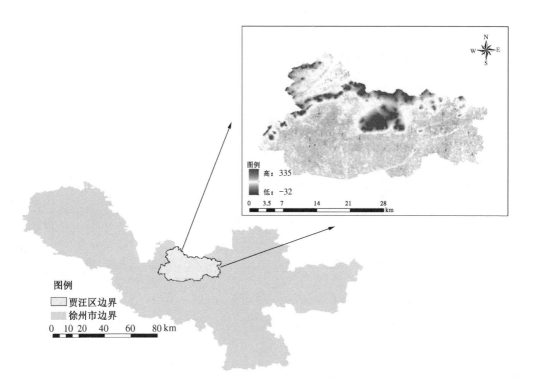

图 2.1 研究区位置图

贾汪区大部分区域为平原,低山丘陵主要分布于北部和西北部地区,总地势呈现从西向东、从北向南降低的特点,以低山、山前平原和冲积平原为主要地貌。贾汪区地处中纬度带,由北亚热带过渡到暖温带,为湿润至半湿润季风气候区,全年平均气温 14.2 ℃,四季分明,年日照时长 2 366 h,年均风速 3.0 m/s,年降雨量 869 mm,平均空气湿度为 72%。区域内自然资源丰富,水系众多,有贯穿全区的京杭大运河,屯头河、中部的不牢河等,其中,京杭大运河最大洪峰流量达536 m³/s,最高水位达 31.89 m。其余水系、排洪道和水库分布全区。地下水资源主要有岩溶水、裂隙水和松散岩类孔隙水。岩溶水作为城镇供水源之一,主要分布在贾汪镇、汴塘镇和青山泉镇三处。该地区的丘陵主要种植侧柏和刺槐,坡地种植温带果树。此外,还有一些小面积的次生林,主要种植黄檀、黄梨、棠梨等,灌木则主要有酸枣、野山楂、牡荆等。

贾汪区矿产资源丰富,已勘查和发现的矿产有 18 种,探明储量的矿产有11 种,探明矿床 23 个。煤、石灰岩、白云岩、水泥配料用砂页岩含量居全省前列,大理石、钛铁矿砂、耐火黏土、硫铁矿含量在徐州地区占据优势。

2.2　研究方法

2.2.1　土壤侵蚀模型定量计算原理

中国土壤流失方程(CSLE)综合考虑了多因子的影响,符合中国实际,其基本原理如下:

$$A = R \cdot K \cdot LS \cdot B \cdot E \cdot T \tag{2.1}$$

式中,A 为土壤侵蚀模数[t/(hm² · a)],指单位面积土壤流失量;R 为降雨侵蚀力因子[MJ · mm /(hm² · h · a)],指降雨引发土壤侵蚀的潜在能力;K 为土壤可蚀性因子[t · hm² · h/(hm² · MJ · mm)],指土壤抵抗外力冲刷导致土壤颗粒分离的能力;LS 为坡长、坡度因子,无量纲,指坡度、坡长对土壤侵蚀造成的影响;B 为生物措施因子,无量纲,指植被覆盖度对土壤流失量的影响;E 为工程措施因子,无量纲,指工程措施对土壤流失量的影响;T 为耕作措施因子,无量纲,指耕作措施对土壤流失量的影响。

（1）降雨侵蚀力因子 R

降雨侵蚀力因子受降雨量、降雨强度、降雨历时等降雨特征的影响。它客观评价了雨滴及降雨造成土壤剥离和输送的能力：

$$\bar{R} = \sum_{i=1}^{24} \overline{R_{半月i}} \tag{2.2}$$

$$\overline{R_{半月i}} = \frac{1}{N} \sum_{x=1}^{N} \sum_{y=1}^{m} (\alpha \cdot P_{x,y,i}^{1.726\,5}) \tag{2.3}$$

$$\overline{WR_{半月i}} = \frac{\overline{R_{半月i}}}{\bar{R}} \tag{2.4}$$

式中,$\overline{R_{半月i}}$ 为第 i 个半月的降雨侵蚀力[MJ・mm/(hm² ・ h)],i 取 1~24;$\bar{R}$ 为多年平均年降雨侵蚀力[MJ ・ mm/(hm² ・ h ・ a)];x 取值为 1~N,指 1986—2015 年的时间序列,后续按五年序列进行顺延更新;y 为 0~m,指第 x 年第 i 个半月内降雨量大于等于 10 mm 的总日数(d);$P_{x,y,i}$ 为第 x 年第 i 个半月第 y 个侵蚀性日雨量(mm);α 为参数,冷季(10—12 月,1—4 月)时,$\alpha = 0.310\,1$,暖季(5—9 月)时,$\alpha = 0.393\,7$;$\overline{WR_{半月i}}$ 为第 i 个半月内平均降雨侵蚀力($\overline{R_{半月i}}$)占多年平均年降雨侵蚀力($\bar{R}$)的比值。

（2）土壤可蚀性因子 K

土壤可蚀性因子 K 与土壤本身的理化性质有关,受土壤质地、结构等因素影响。该因子用于评价土壤受降雨侵蚀力冲刷、输运的情况,反映了土壤自身遭受外力的敏感程度。研究者们进行了大量的土壤可蚀性研究,主要采用 Wischmeier 方法[44]和 Williams[45]计算公式。本研究直接利用水利部下发的贾汪区土壤可蚀性因子成果,利用公式(2.5)进行求解：

$$K = \bar{A}/\bar{R} \tag{2.5}$$

式中,$\bar{A}$ 为清耕休闲径流小区观测的多年平均土壤侵蚀模数(坡长 22.13 m,坡度 9%,即 5°)[t/(hm² ・ a)];$\bar{R}$ 为多年平均降雨侵蚀力[MJ ・ mm/(hm² ・ h ・ a)]。

（3）坡长、坡度因子 LS

坡长、坡度因子 LS 是地形地貌中影响土壤流失的重要因子。地形地貌条件不同,对坡面径流的水流挟沙力、流速及流量的影响不同,所造成的土壤侵蚀也会不同。本研究采用由刘宝元和符素华等[46]提出的坡长、坡度计算公式进行计算。

坡长因子 L 的计算公式如下：

$$L_i = \frac{\lambda_i^{m+1} - \lambda_{i-1}^{m+1}}{(\lambda_i - \lambda_{i-1}) \cdot (22.13)^m} \tag{2.6}$$

$$m = \begin{cases} 0.2, & \theta \leqslant 1° \\ 0.3, & 1° < \theta < 3° \\ 0.4, & 3° \leqslant \theta < 5° \\ 0.5, & \theta \geqslant 5° \end{cases} \tag{2.7}$$

式中，L_i 为第 i 个坡段的坡长因子，无量纲；λ_i、λ_{i-1} 分别表示第 i 个和第 $i-1$ 个坡段的坡长(m)；m 为坡长指数，无量纲。

坡度因子 S 的计算公式如下：

$$S = \begin{cases} 10.8\sin\theta + 0.03, & \theta < 5° \\ 16.8\sin\theta - 0.5, & 5° \leqslant \theta < 10° \\ 21.9\sin\theta - 0.96, & \theta \geqslant 10° \end{cases} \tag{2.8}$$

式中，S 为坡度因子，无量纲；θ 为坡度(°)。当地块的坡度大于 30°时，取 30°代入进行计算，林地、草地选用 $S = 10.8\sin\theta + 0.03$ 进行计算。

(4) 植被覆盖与生物措施因子 B

B 因子反映了植被覆盖对土壤流失的影响，其计算方法在一定程度上决定土壤侵蚀结果的精度。陈羽璇[47]参考 Borrelli 的 C 因子计算方法进行 B 因子的计算，马朝飞等[48]提出了植被覆盖度与 B 因子的关系式。本研究采用参数修订法计算植被覆盖度，结合土地利用类型和降雨侵蚀力因子比值进行计算。

植被指数 NDVI 转为植被覆盖度的计算公式：

$$\text{FVC} = \left(\frac{\text{NDVI} - \text{NDVI}_{\min}}{\text{NDVI}_{\max} - \text{NDVI}_{\min}}\right)^k \tag{2.9}$$

式中，FVC 为植被覆盖度，NDVI 为像元 NDVI 值，$\text{NDVI}_{\max}$、$\text{NDVI}_{\min}$ 为像元所处地类的转换系数，k 为非线性系数。

草地计算公式：

$$\text{SLR}_i = \frac{1}{1.25 + 0.788\,45 \times 1.059\,68^{100\text{FVC}}} \tag{2.10}$$

茶园、灌木林地计算公式：

$$SLR_i = \frac{1}{1.176\,47 + 0.862\,42 \times 1.059\,68^{100FVC}} \tag{2.11}$$

园地、林地和草地计算公式：

$$B = \sum_{i-1}^{24} SLR_i \cdot WR_i \tag{2.12}$$

有林地、其他林地、果园和其他园地计算公式：

$$SLR_i = 0.444\,68e^{(-3.200\,96GD)} - 0.040\,99e^{(FVC-FVC \cdot GD)} + 0.025 \tag{2.13}$$

上式中，FVC、GD 分别为植被覆盖度和乔木林的林下盖度，取 $0 \sim 1$；SLR_i 为第 i 个半月的园地、林地和草地的土壤流失比例，取 $0 \sim 1$。WR_i 为第 i 个半月降雨侵蚀力占全年侵蚀力的比值，取 $0 \sim 1$；其余土地利用类型根据表 2.1 赋值。

表 2.1　非园地、林地和草地的 B 因子赋值表

土地利用一级类型	土地利用二级类型	B 因子值	说明
耕地	水田	1	水土保持效益通过 T 反映
	水浇地	1	水土保持效益通过 T 反映
	旱地	1	水土保持效益通过 T 反映
建设用地	城镇建设用地	0.01	相当于 80% 的植被覆盖度
	农村建设用地	0.025	相当于 60% 的植被覆盖度
	人为扰动地块	1	相当于无植被覆盖度
	其他建设用地	0.01	相当于 80% 的植被覆盖度
交通运输用地	农村道路	1	相当于无植被覆盖度
	其他交通用地	0.01	相当于 80% 的植被覆盖度
水域及水利设施用地	—	0	强制为 0，使得侵蚀量为 0
其他土地	—	0	"裸土地"赋值为 1，否则赋值为 0

（5）工程措施因子 E

工程措施因子 E 反映了工程措施在水土保持上的作用，通过建设梯田、地梗、水平沟等改变地形，减少径流和水土流失。本研究根据土地利用类型解译结果以

及地形数据,对于坡度小于等于 $2°$ 且未采取水土保持工程措施的耕地,将其考虑为等高耕作措施,将 E 因子赋值为 0.431。对于区域内的坡式梯田,根据水土保持工程措施因子赋值表,将其 E 因子赋值为 0.414,其余土地类型均赋值为 1。

(6) 耕作措施因子 T

T 因子指同等条件下耕作措施在土地与平作土地上引发的土壤流失量的比值,反映了耕作措施在水土保持中的作用。其针对对象为农田,与工程措施不同,耕作措施未改变地形情况,仅因不同耕作措施而对农田土壤造成影响。本研究根据解译后的土地利用类型,参照《2021 年度水土流失动态监测技术指南》,在全国轮作区 T 因子赋值表中找到研究区对应轮作区名称。贾汪区属于黄淮海平原南阳盆地旱地水浇地两熟区,因此耕地的耕作措施因子 T 赋值为 0.413,耕地以外的区域赋值为 1。

2.2.2　土壤侵蚀模型数据收集及处理

(1) 基础数据

本研究中计算土壤侵蚀模数所需的基础数据主要分为遥感影像、降雨量、地形及土壤资料四大类,包括贾汪区的 GF、Landsat 8、MODIS 等卫星影像,30 m 数字高程模型(DEM)数据,以及由水利部水土保持监测中心下发的 30 年(1986—2015 年)平均年降雨侵蚀力数据等。CSLE 模型中的各因子专题数据、遥感影像及其来源详见表 2.2。

表 2.2　基础数据

编号	数据类型	分辨率	数据来源
1	GF-6/GF-1D	2 m	项目组提供
2	Landsat 8	30 m	(http://earthexplorer.usgs.gov/)网站下载
3	降雨侵蚀力因子	250 m	项目组提供
4	土壤可蚀性因子	30 m	项目组提供
5	标准植被指数(NDVI)影像	250 m	(https://ladsweb.nascom.nasa.gov/)网站下载
6	高程数据(DEM)	30 m	(http://www.gscloud.cn/)网站下载

编号	数据类型	分辨率	数据来源
7	研究区耕作区划分	表格数据	《2021 年度水土流失动态监测技术指南》（2021 年 6 月版）

（2）数据处理

在基础数据中，为保证模型计算的准确性，将各数据的空间属性调整一致，坐标系均统一为 2000 国家大地坐标系，各因子具体处理操作如下。

① 利用普通克里金空间差值法，将收集到的 24 个半月降雨侵蚀力矢量数据生成栅格数据并累加，计算 10 m 分辨率的各半月降雨侵蚀力在年降雨侵蚀力中的占比。

② 将水利部下发的 K 因子栅格数据进行投影变换，并重采样成 10 m 分辨率数据。

③ 将从地理空间数据云下载的 30 m 数字高程数据进行投影变换，重采样成 10 m 空间分辨率。通过 ArcGIS 10.8 软件，提取出坡度和坡长数据，并按分级标准进行分级，具体指标详见表 2.3。

表 2.3　坡度分级与编码表

编码	分级	坡度	编码	分级	坡度
1	平缓坡	$\leqslant 5°$	4	陡坡	$15°\sim25°$
2	中等坡	$5°\sim8°$	5	急坡	$25°\sim35°$
3	斜坡	$8°\sim15°$	6	急陡坡	$>35°$

④ 采用参数修订方法，运用 250 m 空间分辨率的 MODIS 标准化植被指数（NDVI）产品以及植被盖度转换参数，计算前 3 年（即 2018 年、2019 年和 2020 年）24 个半月的植被覆盖度 FVC，再将三年栅格数据进行平均值运算，植被覆盖分级指标见表 2.4。

表 2.4　植被覆盖分级编码表

编码	分级	植被覆盖度（%）	编码	分级	植被覆盖度（%）
1	低覆盖	<30	4	中高覆盖	$60\sim75$
2	中低覆盖	$30\sim45$	5	高覆盖	>75
3	中覆盖	$45\sim60$			

对于 CSLE 模型，通过 ArcGIS 10.8 软件的空间分析以及运算能力，利用上述土壤流失各侵蚀因子的计算值进行累乘运算，从而得到最终的土壤侵蚀模数 A 值。侵蚀强度面积为分级后各强度等级的土壤侵蚀面积的统计值。对照《土壤侵蚀分类分级标准》(SL190—2007)进行土壤侵蚀强度判定。针对研究区即贾汪区，统计各侵蚀强度对应的土壤侵蚀面积，再计算其水土流失面积，分级情况详见表 2.5。

表 2.5　土壤侵蚀强度分级标准

级别	侵蚀模数[t/(km^2 · a)]	平均流失厚度(mm/a)
微度	<200	<0.15
轻度	200~2 500	0.15~1.9
中度	2 500~5 000	1.9~3.7
强烈	5 000~8 000	3.7~5.9
极强烈	8 000~15 000	5.9~11.1
剧烈	>15 000	>11.1

说明：该表分级标准参照《土壤侵蚀分类分级标准》(SL190—2007)。

2.3　多源遥感数据收集

2.3.1　Landsat 遥感数据

由美国国家航空航天局(National Aeronautics and Space Administration，NASA)和美国地质调查局(United States Geological Survey，USGS)联合开发和运营的地球观测计划——陆地卫星(Landsat)计划，所获取的全球资源环境数据用于监测地表长时间序列的动态变化。陆地卫星对地球进行了长达 40 多年的连续观测。第一颗陆地卫星(Landsat 1)于 1972 年 7 月 23 日发射，迄今共发射了 9 颗卫星，其中 8 颗发射成功，Landsat 6 由于未达到预定轨道而发射失败。Landsat 9 已于 2021 年 9 月 27 日成功发射，现在处于正功率状态，并相应地进入调试阶段。陆地卫星独特的波段设计,充分反映了不同地物反射率的敏感度差异,从而在农业、林业、制图和规划等领域得到了广泛应用。目前,陆地卫星已成为全球使用范围最广、应用深度最大的信息源之一,对促进地球科学的发展起着至关重要的作用。

第八颗陆地卫星(Landsat 8)发射于 2013 年 2 月 11 日,携带热红外传感器(Thermal Infrared Sensor,TIRS)和陆地成像仪(Operational Land Imager,OLI)。时间分辨率为 16 d,辐射量化值为 16 bit。太阳同步轨道高度为 705 km,倾角为 98.2°,成像宽幅为 185 km×185 km。OLI 传感器共记录 8 个 30 m 分辨率的 MS 波段和 1 个 15 m 分辨率的全色波段,并在先前系列卫星的基础上,针对大气吸收的特点,对近红外波段(b5)和全色波段(b8)进行了调整。除此之外,新增了先前系列所缺少的深蓝波段(b1)和卷云波段(b9),优化了各波段的波长范围,避免了水汽吸收对波段造成的影响,提高了传感器的可靠性和性能。2 个 100 m 分辨率的热红外波段则设置在 TIRS 传感器上,传感器波段具体参数详见表 2.6。

表 2.6　Landsat 8 影像波段信息

传感器类型	波段号	波段类型	波段范围(μm)	空间分辨率(m)
OLI	b1	Coastal（深蓝波段）	0.433～0.453	30
	b2	Blue（蓝波段）	0.450～0.515	30
	b3	Green（绿波段）	0.525～0.600	30
	b4	Red（红波段）	0.630～0.680	30
	b5	NIR（近红外波段）	0.845～0.885	30
	b6	SWIR1（短波红外 1）	1.560～1.660	30
	b7	SWIR2（短波红外 2）	2.100～2.300	30
	b8	Pan（全色波段）	0.500～0.680	15
	b9	Cirrus（卷云波段）	1.360～1.390	30
TIRS	b10	TIRS1（热红外 1）	10.60～11.19	100
	b11	TIRS2（热红外 2）	11.50～12.51	100

Landsat 8 遥感影像可用于植被覆盖、土地利用分类及变化等水土流失动态监测,是土壤侵蚀研究的重要数据源之一。本研究所用的 Landsat 8 遥感数据下

载自美国地质调查局,获取网址为 http://earthexplorer.usgs.gov/。共选用 2020 年 4 月 15 日和 2021 年 6 月 5 日的贾汪区两期无云影像,下载的数据级别均为 Landsat Level 1。基于真彩色选取 Landsat 8 波段数据(b4、b3、b2),对应红、绿、蓝三波段进行融合反演,其数据详情见表 2.7。

表 2.7　Landsat 8 遥感数据统计表

数据类型	传感器	获取日期	云量(%)	数据标识
Landsat 8	OIL	2020/04/15	1.06	LC08_L1SP_121036_20200415
		2021/06/05	2.53	LC08_L1SP_121036_20210605

2.3.2　高分遥感数据

高分一号卫星(GF-1)和高分六号卫星(GF-6)分别于 2013 年 4 月和 2018 年 6 月在我国酒泉卫星发射中心发射升空。GF-1 是我国高分辨率卫星事业的一个里程碑,满足了农林业、环境、城市建设等多领域对高分辨率影像的需求,对我国自主研发创新能力、空间信息技术的发展应用和军事发展及安全都具有非常重要的意义。而 GF-6 在农业方面实现了精确观测,也标志着我国"高分专项"工程的基本完成。GF-6 为低轨光学遥感卫星,在空间分辨率、覆盖面积、成像效果等方面均具有较大的优势。它能在较短时间内获取多期大区域的卫星影像,有效提高了我国卫星遥感影像的使用率,有力推动了我国自然资源的调查和实时监测、土地管理、防灾减灾救灾等领域的发展,成为我国重大发展战略需求的遥感数据支撑。GF-6 主要用于农业、林业和应急管理等相关部门,并与在轨运行的 GF-1 于 2018 年 8 月进行组网运行,数据采集时间从 4 d 缩短至 2 d,有效提高了我国国产卫星影像的地表观测能力。

GF-1 的设计使用寿命为 5~8 年,GF-6 的设计使用年限为 8 年,轨道类型均为太阳同步回归轨道,轨道高度均为 645 km。GF-1 的 PMS 传感器共配置 2 m 分辨率全色相机、8 m 分辨率多光谱相机各 2 台,成像宽度为 60 km。传感器 WFV 带有 4 台 16 m 分辨率多光谱相机,成像宽度为 800 km。卫星辐射量化值为 10 bit,倾角为 98.050 6°。GF-6 同样配置了 2 台传感器。其中,传感器 PMS 成像宽度为 90 km,包含全色波段和多光谱波段。传感器 WFV 则具备分辨率 16 m 的多光谱波段,成像宽度大于 850 km,辐射量化值为 12 bit。波段设置上,GF-6是我国首颗拥有8种波段的遥感卫星,不仅增加了紫光和黄光波段,还首次在国内实现两个红边波段的增加,具备了反映农作物特有光谱特征的能力,在农业生长动态监测及地物类型识别等方面具有显著优势。GF-1和GF-6传感器波段具体参数见表2.8。

表2.8 GF-1、GF-6影像波段信息

传感器类型	波段号	波段类型	波谱范围(μm)	
			GF-1	GF-6
PMS	1	PMS-P(全色波段)	0.45～0.90	0.45～0.90
	2	PMS-B1(蓝波段)	0.45～0.52	0.45～0.52
	3	PMS-B2(绿波段)	0.52～0.59	0.52～0.60
	4	PMS-B3(红波段)	0.63～0.69	0.63～0.69
	5	PMS-B4(近红外波段)	0.77～0.89	0.76～0.90
WFV	1	WFV-B1(蓝波段)	0.45～0.52	0.45～0.52
	2	WFV-B2(绿波段)	0.52～0.59	0.52～0.59
	3	WFV-B3(红波段)	0.63～0.69	0.63～0.69
	4	WFV-B4(近红外波段)	0.77～0.89	0.77～0.89
	5	WFV-B5(红边波段1)		0.69～0.73
	6	WFV-B6(红边波段2)		0.73～0.77
	7	WFV-B7(紫波段)		0.40～0.45
	8	WFV-B8(黄波段)		0.59～0.63

本研究以GF-6、GF-1影像为数据源,影像大小覆盖整个研究区,获取时间分别为2020年2月4日和2021年5月8日,与Landsat 8影像数据时间相近。其中,GF-6遥感数据源用于多源遥感时空融合的计算,GF-1遥感数据作为真值与融合影像进行分析评价,收集的高分数据详见表2.9。

表2.9 高分遥感数据统计表

数据类型	获取时间	卫星数据产品号
GF-6	2020/2/4	1119964234
GF-1	2021/5/8	1256909545/1256908844

2.4　多源遥感数据预处理

在遥感影像成像过程中,卫星传感器所接收到的光谱反射率等信息与实际地物真实值存在一定的偏差。影像受到太阳角度和位置、传感器本身性能等影响,从而产生几何、辐射失真和大气消光等现象,进一步影响对遥感影像数据的提取和判读[49]。为了确保能正确评价影像地物的光谱特性,消除失真造成的负面影响,在进行融合处理前,先对原始影像进行一系列的纠正,从而提高影像数据的质量和应用,使其达到图像解译的要求。本研究预处理包括大气校正、波段处理、几何校正、影像裁剪等模块。采用软件 ENVI 5.3[50] 以及 ArcGIS 10.8 对影像进行操作,为影像融合做好前期数据准备。

2.4.1　大气校正

由于卫星记录到的地物反射率信息受到大气、邻近地物和地形等因素的影响,卫星原始影像存在一定的误差。为了进一步研究地物表面的光谱属性,需对原始影像进行辐射定标、大气校正等操作,从大气等信息中分离出真实的反射信息。

（1）辐射定标

辐射定标的目的是消除传感器系统本身、大气及太阳高度角等造成的干扰,以获取真实反射率数据,作为大气校正的准备过程。辐射定标在进行遥感影像数据分析时,以数字量化值（Digital Number,DN）格式进行定量化记录。本研究选用的定标类型为辐射亮度值,将 DN 值转变为辐射亮度值,按照公式（2.14）进行定标:

$$L = \text{Gain} \times \text{DN} + \text{Offset} \tag{2.14}$$

式中: L 为辐射亮度值 $[\mu W/(cm^2 \cdot nm \cdot sr)]$;Gain、Offset 分别为辐射定标的增益、偏移参数,单位均为 $W/(m^2 \cdot sr \cdot \mu m)$;DN 为像元灰度值,无量纲。

通过 Radiometric Correction 中的 Radiometric Calibration 工具进行相关参数设置,定标类型选择 Radiance,数据输出类型为 Float,系数为 0.1,将辐射定标数据结果保存并输出。

（2）大气校正

大气校正操作可以有效降低或者消除大气层中氧气、其他颗粒物等因素对传感器图像的干扰,将定标后的辐射亮度值转变为地表反射率,以获取地物真实的反射率值。本研究采用的 FLAASH 模型(Fast Line-of-sight Atmospheric Analysis of Spectral Hypercubes,FLAASH)是常用的两种大气校正工具之一。模型基于太阳波谱范围(不包括热辐射)和平面朗伯体,具有适用性强、精度高、效率好的优点。辐射亮度的具体公式为:

$$L = \left(\frac{A\rho}{1-\rho_e S}\right) + \left(\frac{B\rho}{1-\rho_e S}\right) + (L_a) \tag{2.15}$$

式中,ρ 为像元地表反射率;ρ_e 为像元周围平均表现反射率;S 为大气球面反照率;L_a 为大气球面反射;A、B 取决于大气条件和几何条件;L 为总辐射亮度 $[\mu W/(cm^2 \cdot nm \cdot sr)]$。

通过 Radiometric Correction 中的 Atmospheric Correction Module,选择 FLAASH 模型,导入经过辐射定标后的数据进行大气校正处理。影像区域的平均高程通过软件自带的全球高程数据进行计算。由于研究区中心纬度为 34°,影像成像时间为 1—6 月。因此,选择城市气溶胶模型、中纬度夏季大气模型(Mid-Latitude Summer,MLS)。经过大气校正后,图像亮度、清晰度、层次感和纹理信息都有所增强,影像校正前后对比如图 2.2 所示。

(a) 大气校正前　　　　　　　　　　(b) 大气校正后

图 2.2　大气校正前后影像对比图

2.4.2　几何校正

图像的几何变形通常分为两大类。系统性变形一般由传感器本身触发,具有规律性和可预测性。而大气折射和地球曲率等造成的不规则变形为非系统性变形,表现为地物形态与真实地物形态存在平移、弯曲、旋转等不规则变化。为了消除这些变化造成的干扰,选择一幅影像作为基准图,对其他影像进行配准校正。通过选择多个控制点,同时将图像投影到平面上,使相同地物能出现在同一位置,从而提高遥感影像的准确度和可信度。Landsat 8 L1T级别产品在生产过程中进行过一定几何校正,但为了确保影像几何位置的无偏差,本研究对影像进行几何精校正,采用 ENVI 5.3 软件 Registration 功能中的 Image to Image 进行几何校正。

2.4.3　波段处理

为了保证多源卫星数据的波段相对应,对经过校正后的遥感影像进行 RGB 真彩色三波段的提取,并通过波段合成(Layer Stacking)功能,合并成一个新的多波段图像。由于 Landsat 8 和高分数据的辐射量化值范围不同,在时空融合和融合结果质量评价时,需对各波段进行运算。采用 ENVI 5.3 软件中的 Band Math 图像处理功能,自定义运算公式,对影像进行统一的运算处理。

2.4.4　图像裁剪

图像裁剪的目的是保留研究区范围的影像而去除掉研究区以外区域,通常选用自然区或行政区划边界对影像进行裁剪。由于预处理后的影像范围较大,需要减少处理的数据量并突出有用信息。通过 ArcGIS 10.8 软件中的栅格处理的裁剪功能,根据贾汪区边界数据,对预处理后的遥感影像按照研究区范围进行裁剪。

2.5　本章小结

本章首先对贾汪区的自然概况进行了介绍。然后选择中国土壤流失方程 CSLE,收集并阐述了 CSLE 模型中六大类侵蚀因子的数据来源和计算方式,并整理了土壤侵蚀模数强度、植被覆盖度等分级标准。最后,对 Landsat 和国产高分遥感卫星的发展历史及其遥感数据波段信息和获取方法进行详细介绍,统计了本书所需要的两种遥感影像数据信息，并阐述了相应的预处理步骤，包括辐射定标、大气校正、波段处理等操作，为后续的全色和多光谱融合以及时空融合实验的进行做好可靠的数据准备。

3

多源遥感时空融合研究

3.1 全色与多光谱图像融合及评价

全色与多光谱融合是一种遥感图像处理技术。该过程融合了全色波段与多光谱影像，重采样生成的影像兼具高空间分辨率和多光谱特性。融合方法的挑选和融合前后影像的配准精确度是全色与多光谱融合的关键之处。本研究选用 Landsat 8 的 15 m 全色波段图像与 30 m 多光谱图像进行融合，选用 ENVI 5.3 软件中的六种融合方法进行研究，选取六种评价指标（均值、标准差、相关系数、光谱扭曲度、平均梯度和信息熵）对融合后影像进行定性、定量评价，从中挑选出最优融合方法，为后续进行时空融合实验提供参考依据。

3.1.1 融合方法

（1）CN 变换法

CN 变换也称为"能量分离变换"（Energy Subdivision Transform）。对于融合影像的低分辨率波段，该方法利用具有高分辨率波段的锐化影像对其进行强化。在该方法中，融合过程中涉及的输入波段与融合图像波段波谱范围相对应，而波谱范围由波段宽度（full width at half maximum，FWHM）和中心波长所确定，其他输入波段不进行融合处理而直接输出。输入图像的波段可以根据锐化图像波段的波谱范围进行划分，每个输入波段与融合波段相乘后，再与划分后的波谱单元总数相除来完成归一化。该融合方法对大范围的地貌类型效果较好。

（2）Brovey 变换

Brovey 变换方法的原理是数字合成原始多光谱三波段和高分辨率数据，影像的 RGB 三波段首先都与高分辨率数据相乘，再与 RGB 波段总和相除，最后可选用最邻近像元法、双线性插值法或三次卷积法重采样到高分辨率影像大小。

Brovey 变换方法的光谱信息保持较好，但融合方法受波段限制，且在融合过程中容易引发失真现象。Brovey 具体公式如下：

$$B_i = \frac{B_{mi}}{B_{mR} + B_{mG} + B_{mB}} \times B_Q \tag{3.1}$$

式中，B_i 为融合影像红绿蓝三波段的像元值；B_{mi} 为红绿蓝三波段中任一个；B_{mR}、B_{mG}、B_{mB} 为原始多光谱影像三波段像元值；B_Q 为全色图像像元值。

（3）Gram-Schmidt 变换

该变换是一种具有高保真特点的图像融合方法，它改进了全色波段波谱范围扩展造成的光谱响应不一致以及传统融合方法信息过度集中的问题。对融合的各波段采用统计分析方法进行最佳匹配，从而实现了融合前后波谱信息的一致性。该融合变换方法适用性较广，能够满足绝大多数图像融合的要求，并广泛运用于 SPOT 6、GF-1、WorldView、QuickBird 等高分辨率遥感影像。融合过程中影像的空间纹理信息和光谱特性得到了较好的保持，不受波段影响和限制，但整个过程较为耗时。

（4）HSV 变换

HSV 变换首先将多光谱影像的各波段转换成 HSV 颜色空间的色度、饱和度和亮度三类，再用高分辨率的影像替换掉原始影像的亮度值波段。选用最邻近像元法、双线性插值法和三次卷积法对饱和度和色度进行重采样，保证像元大小与高分辨率影像像元大小一致。最后再从 HSV 颜色空间转回到 RGB 颜色空间，从而完成融合。该融合方法的空间保持较好，能改善融合图像的纹理特征，但在融合过程中，其光谱信息易受到损失，并受到波段的限制。

（5）NND 变换

NND 变换则主要采用混合模型进行计算。该融合方法具有速度快、效率高、融合质量良好等优势，并且能较好保持影像的空间特征和光谱信息。其融合原理是采用加权的方法，首先设置多光谱像元光谱为最小单元，将多光谱每个邻近像元进行加权，从而得到高分辨率融合影像的各像元光谱，而对应的权重大小则是由全色波段的扩散模型来确定。

（6）PC 变换

PC 变换法是对全色影像进行锐化。该融合方法在融合过程中不受波段的限制,且光谱保真度较好。其原理是进行主成分变换,把第一主成分替换成高分辨率波段,替换完成后再进行主成分逆变换,从而完成融合过程。在第一主成分被全色波段替换掉的过程中,信息相对比较集中,可以避免波谱信息的失真,但色调也容易发生较大变化。

3.1.2 融合影像效果评价

遥感图像融合效果评价是遥感图像融合处理的重要内容,并具有指导意义。图像效果评价主要是对融合方法的优缺点及适用情况从主客观两方面进行分析。融合后影像保留了原始影像的有用信息,并在此基础上增加了新的信息。然而,由于算法和数据源的多样性,以及信息采集方法、传感器成像机理和融合目标的差异等,遥感图像融合效果的评价变得复杂化。目前,主要采用基于视觉分析的主观评价和基于具体指标的客观评价相结合的方法,从定性和定量两方面对融合图像和原始图像进行分析,选出全色与多光谱融合的最优方法。

(1)融合影像主观评价

主观评价又称目视评估,观察者主要通过对比融合前后影像在光谱、分辨率等效果上的差异,得出主观性的目视评估结论。主观评价主要从整体上进行分析,综合评判融合影像的亮度、色彩、纹理信息和地物轮廓清晰度等。主观评价通过人眼识别分辨出融合后影像各自的特征并进行评价,具有简单便捷且直观的优点。

图3.1中,(a)、(b)为原始全色和多光谱影像,(c)、(d)、(e)、(f)、(g)、(h)分别为采用 Brovey 变换、CN 变换、PC 变换、NND 变换、HSV 变换、Gram-Schmidt 交换后的影像。对比融合前后影像差异,对六幅融合影像进行主观评价。在光谱信息的保持方面,NND 变换、HSV 变换、Gram-Schmidt 变换与原始影像的整体色彩相似,基本保持了光谱特性,色彩反差较为适度。而 Gram-Schmidt 变换融合影像亮度略偏暗,Brovey 变换色彩略偏暗红,CN 变换整体色彩偏紫,PC 变换融合后影像色彩信息丢失相对严重。在空间分辨率方面,相比于原始多光谱影像,融合后影像的空间分辨率均从原始的 30 m 分辨率提升至 15 m分辨率,与 Landsat 8 全色波段分辨率保持一致。融合影像的清晰度、纹理

信息丰富度和可分辨性都得到了增强,纹理结构也相对清晰,并有利于目视解译。而 HSV 变换在建筑物区边界较为模糊,纹理表达不清;PC 变换虽整体亮度较高且色彩失真,但区域轮廓较为清晰。总体来看,效果较好的有 NND 变换和Gram-Schmidt 变换,Brovey 变换次之。

(a) 全色影像

(b) 多光谱影像

(c) Brovey 融合影像

(d) CN 融合影像

(e) PC 融合影像

(f) NND 融合影像

(g) HSV 融合影像

(h) Gram-Schmidt 融合影像

图 3.1　全色与多光谱融合前后对比图

通过对比原始多光谱和融合影像的差异,本研究从色彩、亮度、空间分辨率、清晰度和纹理结构等方面对融合影像进行目视评估,对六种融合方法的优缺点有了总体的判断,但由于该评价方法缺乏客观性,且受观察者的主观视觉判断差异的影响,评价结果缺乏可靠性,需要进一步通过客观指标进行定量评价。

(2)融合影像客观评价

融合影像客观评价是通过一定的算法对融合效果进行量化评价。区别于主观评价,客观评价能对融合效果作出更可靠、全面的评价,评价结果更具客观性和科学性,因而具有成本低、操作简单、效率高等优点。客观评价从融合影像的亮度等基础信息、信息量大小和清晰度等多方面进行综合评价。本研究选用均值、标准差、光谱扭曲度等多种精度评价指标从各方面对不同的融合效果进行指标评价,客观评定不同融合方法的优缺点,具体指标定义阐述如下。

① 融合影像客观评价指标

A. 均值

均值(Mean Value, $\bar{u}$)是指影像中像元灰度值的平均,从视觉上主要反映了图像的平均亮度。具体计算公式如下:

$$\bar{u} = \frac{1}{MN} \sum_{i=1}^{M} \sum_{j=1}^{N} f(i, j) \tag{3.2}$$

式中,M、N 为影像的行列数;$f(i, j)$ 为融合影像在 (i, j) 处的像元灰度值。融合影像与原始影像的均值越接近,融合效果越好。

B. 标准差

标准差(Standard Deviation, SD)表示影像中各像元灰度值与其均值的离散情况。该值大小可以反映评价影像信息量的多少。具体计算公式如下:

$$SD = \sqrt{\frac{1}{MN} \sum_{i=1}^{M} \sum_{j=1}^{N} (f(i, j) - \bar{u})^2} \tag{3.3}$$

式中,M、N 为影像的行列数;$\bar{u}$ 为像元灰度均值;$f(i, j)$ 为融合影像在 (i, j) 处的像元灰度值。标准差值较小,意味着融合影像与原始影像反差较小,彼此较为接近且色调相对单一均匀。反之,标准差值越大,意味着反差越大,融合影像与原始影像的灰度值较为离散,所含的信息量也更为丰富。

C. 光谱扭曲度

光谱扭曲度(Degree of Distortion, DD)反映了融合影像与原始影像的像元灰度值的差异以及失真程度,体现了融合后光谱的变化情况。具体计算公式如下:

$$DD = \frac{1}{M \times N} \sum_{i=1}^{M} \sum_{j=1}^{N} |f(i, j) - r(i, j)| \tag{3.4}$$

式中,M、N 为影像的行列数;$r(i, j)$、$f(i, j)$ 分别为影像融合前后在 (i, j) 处的灰度值。光谱扭曲度值越大,意味着融合影像扭曲程度越大,融合效果较差,信息丢失越严重;光谱扭曲度值越小,意味着融合效果越好,融合前后信息一致性较强。

D. 相关系数

相关系数(Correlation Coefficient,用 R 表示)是用于量化影像光谱信息保持能力的评价指标之一,反映了融合前后影像的相关性。相关系数的大小,可以反映出各融合方法的光谱保真程度。具体计算公式如下:

$$R = \frac{\sum\limits_{i=1}^{M}\sum\limits_{j=1}^{N}(H(i,j)-\bar{H})(F(i,j)-\bar{F})}{\sqrt{\sum\limits_{i=1}^{M}\sum\limits_{j=1}^{N}(H(i,j)-\bar{H})^2 \sum\limits_{i=1}^{M}\sum\limits_{j=1}^{N}(F(i,j)-\bar{F})^2}} \quad (3.5)$$

式中,M、N 为影像的行列数;$H(i,j)$、$F(i,j)$ 为影像融合前后在 (i,j) 处的灰度值;$\bar{H}$、$\bar{F}$ 为影像融合前后的灰度均值。相关系数值越大,意味着融合前后影像的关联度较高,光谱保真程度越好,融合质量越高,两影像间越相似;相关系数值越小,则意味着两影像差异较大。

E. 平均梯度

平均梯度(Average Gradient,用 G 表示)指的是融合影像灰度值的变化程度,可对影像清晰度及表达微小细节差异的能力进行评估,并凸显出在细节和纹理变化上的特点。具体计算公式如下:

$$G = \frac{1}{(M-1)(N-1)}\sum\limits_{i=1}^{M-1}\sum\limits_{j=1}^{N-1} \cdot$$
$$\sqrt{\frac{[D(i,j)-D(i+1,j)]^2 + [D(i,j)-D(i,j+1)]^2}{2}} \quad (3.6)$$

式中,M、N 为影像的行列数;$D(i,j)$ 指融合影像的灰度值。平均梯度越大,表明融合影像的细节和纹理变化越明显,融合效果越好,清晰程度越高。

F. 信息熵

信息熵(Entropy,用 En 表示)是对融合影像的信息量进行评价,能较好反映出影像光谱信息量的丰富程度,常被用作融合影像的定量评价指标。具体计算公式如下:

$$En = -\sum\limits_{i=0}^{255} p(i)\log_2 p(i) \quad (3.7)$$

式中，$p(i)$ 为影像灰度值等于指定 i 值时的概率。信息熵值越小，意味着融合后信息量增加得较少；反之，则意味着融合后影像的信息丰富度更高，融合效果更好。

② 融合影像客观评价结果与分析

运用上述六项融合评价指标（均值、标准差、光谱扭曲度、相关系数、平均梯度和信息熵）对六种融合方法得到的融合影像进行定量评价，并通过 Python 3.6 进行编程，得到如表 3.1 所示的统计结果。

表 3.1　融合影像客观评价统计表

融合方法	波段	均值	标准差	平均梯度	信息熵	光谱扭曲度	相关系数
原始多光谱	R	111.826	44.461	76.524	11.911	—	—
	G	51.216	42.312	69.264	11.601	—	—
	B	91.492	37.839	71.258	11.355	—	—
	平均	84.845	41.537	72.349	11.622	—	—
CN	R	101.349	33.660	82.846	11.057	15.920	0.929
	G	99.759	33.666	78.470	10.635	490.078	0.876
	B	92.337	36.081	71.104	11.359	6.476	0.943
	平均	97.815	34.469	77.473	11.017	170.825	0.916
Brovey	R	83.218	31.745	83.182	9.729	29.029	0.942
	G	73.608	33.692	75.006	9.300	25.346	0.888
	B	74.871	30.911	86.046	8.868	20.129	0.879
	平均	77.232	32.116	81.411	9.299	24.835	0.903
Gram-Schmidt	R	112.631	47.323	87.552	12.217	13.188	0.918
	G	103.867	42.934	80.890	11.900	52.925	0.925
	B	93.682	38.676	82.998	11.600	10.724	0.921
	平均	103.393	42.978	83.813	11.906	25.612	0.921
HSV	R	133.242	64.440	87.656	7.272	28.602	0.880
	G	116.802	55.039	79.701	7.216	65.633	0.895
	B	109.748	49.439	86.089	7.121	21.911	0.886
	平均	119.931	56.306	84.482	7.203	38.715	0.887

续表

融合方法	波段	均值	标准差	平均梯度	信息熵	光谱扭曲度	相关系数
NND	R	114.654	44.123	84.279	12.394	11.536	0.936
	G	99.871	40.670	82.439	11.921	48.936	0.931
	B	91.496	35.798	85.489	11.715	11.553	0.910
	平均	102.007	40.197	84.069	12.010	24.008	0.926
PC	R	111.826	45.151	77.411	12.054	97.615	−0.869
	G	51.216	52.759	84.329	11.798	142.464	−0.925
	B	91.492	36.826	81.409	11.678	103.130	−0.789
	平均	84.845	44.912	81.050	11.843	114.403	−0.861

由表 3.1 可以看出:

在均值方面,除了 Brovey 变换和 PC 变换与融合前多光谱影像的均值较为接近,其余四种融合影像均值都发生不同程度的变化。从与原始多光谱影像均值的接近程度可以看出,PC 变换与原始影像的偏差最小,这意味着 PC 变换光谱保真度较高,总体亮度与多光谱亮度最为接近。其次是 Brovey 变换。而 HSV 变换的均值变化最大。

在标准差方面,与多光谱影像的标准差相比,Gram-Schmidt 变换和 NND 变换最为接近。按各融合影像的标准差值的大小顺序可以看出,HSV 变换的影像标准差在六种融合方法中最大,影像反差最大,信息量较原始影像有所增加,更为丰富。

在光谱扭曲度方面,由各融合影像的光谱扭曲度的大小排序可以看出,PC 变换和 CN 变换的光谱扭曲度较大,NND 变换的光谱扭曲度最小,这表明 NND 变换的光谱保持能力最强,信息量较为丰富。

在相关系数方面,NND 变换的相关系数最高,CN 变换和 Gram-Schmidt 变换的相关系数也都较高。按相关系数由大到小排序为:NND 变换＞Gram-Schmidt 变换＞CN 变换＞Brovey 变换＞HSV 变换＞PC 变换。由于 PC 色彩丢失较为严重,与原始多光谱影像成负相关。在六种融合方法中,NND 变换的光谱特性保持能力最强,光谱保真度较高。

在平均梯度方面,对比原始影像的平均梯度,融合后的各平均梯度值均得到了提升。对表中各融合方法的平均梯度由大到小排序：HSV 变换＞NND 变换＞Gram-Schmidt 变换＞Brovey 变换＞PC 变换＞CN 变换。其中，HSV 变换和 NND 变换的平均梯度值最大，表明其在细节和纹理变化上表达最好，影像也最清晰；Gram-Schmidt 变换次之。

在信息熵方面，PC 变换、NND 变换和 Gram-Schmidt 变换与原始多光谱影像的信息熵较为接近，且均得到了一定的增加。而其余三种融合方法的融合影像信息熵均小于原始影像，说明信息量都有不同程度减少。按信息熵由大到小排序为：NND 变换＞Gram-Schmidt 变换＞PC 变换＞CN 变换＞Brovey 变换＞HSV 变换。其中，NND 信息熵最大，表明其信息丰富程度最高，融合效果最好。

通过上述融合过程，融合影像的空间分辨率均得到了提升。从主客观两方面对比评价融合影像，得到以下结论：CN 变换在亮度以及信息量上有一定的增强，与多光谱影像的相关性较好，但光谱扭曲度较大，且在细节变化上表达较差，整体影像色彩偏紫。Brovey 变换的平均梯度与信息熵较小，但均值与原始影像较为接近，光谱扭曲度较小。Gram-Schmidt 变换各方面表现都处于中等水平，具有一定的光谱保真度及清晰度。HSV 变换在平均梯度上表现最佳，亮度和信息量也最大，但其他指标表现较差，且信息丰富程度最差。NND 变换的相关系数、信息熵值最高，光谱扭曲度最小，在其他指标上也都表现较好，融合效果最佳。PC 变换发生了较大的光谱畸变，且色调整体失真，不利于目视解译，融合效果最差。综合各方面评价结果，NND 变换相较于其他融合方法，在信息量、光谱保真度和清晰度上均有明显的增强，且与原始多光谱色调和亮度相近，融合效果优于其他五种融合方法。因此，选择 NND 变换作为全色与多光谱融合的最优融合方法，为后续时空融合算法研究做准备。

3.2　时空融合模型

遥感数据时空融合的总体思路是通过对相同或不同传感器的多幅遥感影像使用特定算法进行合成和运算，完成预测时间的影像重构，从而使影像具备不同时间分辨率、空间分辨率和光谱特性。融合算法需要在融合过程中使用一组或多组高、低分辨率影像作为输入项,从而完成融合预测。时空数据融合不仅有效重构了缺失的信息,还弥补了影像质量不佳对地物变化监测造成的影响。时空融合方法可以分为三大类:特征级融合、像元级融合和决策级融合[51]。本研究选用的 STARFM、FSDAF 两种融合方法均属于单数据对的像元级融合,具有较高的精度且较为常用。

3.2.1 时空融合模型原理

(1) STARFM 时空融合算法

由 Gao 等[35]提出的时空自适应反射率融合模型 STARFM,是利用高、低分辨率影像进行表面反射率的预测,以实现对物候变化的精确捕捉。其原理如图 3.2 所示。

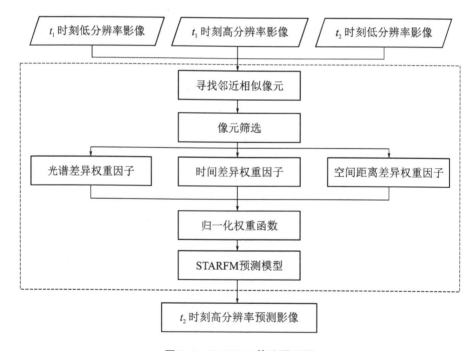

图 3.2　STARFM 算法原理图

在不考虑大气校正以及几何配准误差的条件下,模型在 t 时刻的低空间分辨率影像的非同质像元反射率 C_t,可根据高空间分辨率同质像元的反射率 F_t^i 及其丰度 A_t^i 聚合得到,即

$$C_t = \sum (F_t^i \times A_t^i) \tag{3.8}$$

然而由于高低分辨率影像的同质区域未必吻合，对于低分辨率的同质像元，高分辨率像元的反射率可以表示为

$$G(x_i, y_i, t_1) = L(x_i, y_i, t_1) + \varepsilon_1 \tag{3.9}$$

式中，(x_i, y_i) 为给定像元位置；t_1 为采集时间；$L(x_i, y_i, t_1)$、$G(x_i, y_i, t_1)$ 分别为低、高分辨率像元在 t_1 时刻的反射率值；ε_1 为高、低分辨率像元间的表面反射率差异（主要由不同的波宽和太阳几何体差异等造成）。当时间从 t_1 到 t_2 时，t_2 时刻的高分辨率像元的反射率可表示为

$$G(x_i, y_i, t_2) = G(x_i, y_i, t_1) - L(x_i, y_i, t_1) + L(x_i, y_i, t_2) \tag{3.10}$$

然而，由于低空间分辨率的遥感影像扫幅较大，包含的土地覆盖类型较为混杂，且在预测期间，土地覆盖类型会发生一定的转变，因此，使用加权函数时需要引用邻近像元的附加信息，从而完成 t_2 时刻的中心像元反射率的预测：

$$G(x_{w/2}, y_{w/2}, t_2) = \sum_{i=1}^{w} \sum_{j=1}^{w} \sum_{k=1}^{n} W_{ijk} \times [L(x_i, y_i, t_2) + G(x_i, y_i, t_1) - L(x_i, y_i, t_1)] \tag{3.11}$$

式中，W_{ijk} 为邻近像元对中心像元反射率的权重函数；w 为移动窗口大小；$(x_{w/2}, y_{w/2})$ 为移动窗口的中心像元；n 为总时刻数。

同时计算光谱差异（式 3.12）、时间差异（式 3.13）和空间距离差异权重因子（式 3.14）。

$$S_{ijk} = |G(x_i, y_i, t_1) - L(x_i, y_i, t_1)| \tag{3.12}$$

$$T_{ijk} = |L(x_i, y_i, t_2) - L(x_i, y_i, t_1)| \tag{3.13}$$

$$D_{ijk} = 1.0 + \sqrt{(x_{w/2} - x_i)^2 + (y_{w/2} - y_i)^2} / A \tag{3.14}$$

式中，S_{ijk} 表示高低空间分辨率影像之间的差异。S_{ijk} 越小，表明高分辨率下的变化与周围像元的平均变化相当，应赋更高的权重。T_{ijk} 衡量的是预测和采集日期之间发生的变化。T_{ijk} 越小，则表示随时间变化，像元变化越小，计算时赋予的

权重应更高。D_{ijk} 则表示由实际距离转换的相对距离,像元越近,空间相似性越好。A 为常数,体现了空间距离的相对重要性。结合光谱差异、时间差异和空间距离差异进行综合考量,相似像元的权重 C_{ijk} 为

$$C_{ijk} = S_{ijk} \times T_{ijk} \times D_{ijk} \tag{3.15}$$

从高空间分辨率图像中选择光谱相似像元后,将对候选图像进行附加的过滤过程,以去除质量较差的观测结果。由于高、低分辨率的表面反射率值来自不同的处理链,几何畸变和大气校正中的偏差是不可避免的。高低分辨率像元反射率的不确定性分别为 σ_l 和 σ_m,且反射率测量过程相互独立,则两者之间光谱差异的不确定度为

$$\sigma_{lm} = \sqrt{\sigma_l^2 + \sigma_m^2} \tag{3.16}$$

两个低空间分辨率输入之间的时间差的不确定性为

$$\sigma_{mm} = \sqrt{\sigma_m^2 + \sigma_m^2} = \sqrt{2} \times \sigma_m \tag{3.17}$$

考虑到候选图像选择中的不确定性,应将劣质数据都排除在候选数据之外。

$$S_{ijk} < \max(|G(x_{w/2}, y_{w/2}, t_1) - L(x_{w/2}, y_{w/2}, t_1)|) + \sigma_{lm} \tag{3.18}$$

$$T_{ijk} < \max(|L(x_{w/2}, y_{w/2}, t_2) - L(x_{w/2}, y_{w/2}, t_1)|) + \sigma_{mm} \tag{3.19}$$

以上各式中,σ_l 和 σ_m 分别表示高、低分辨率表面反射率的标准差;σ_{lm} 表示高低分辨率图像的联合标准差;σ_{mm} 表示不同时刻间的低分辨率图像的联合标准差。最后采用归一化处理,将标准化的反向距离作为权重函数,表达式如下:

$$W_{ijk} = (1/C_{ijk}) \left/ \sum_{i=1}^{w} \sum_{j=1}^{w} \sum_{k=1}^{n} (1/C_{ijk}) \right. \tag{3.20}$$

(2) FSDAF 时空融合算法

由 Zhu 等[52]提出的灵活的时空数据融合方法 FSDAF 也是采用一对 t_1 时刻的高、低分辨率影像与一幅 t_2 时刻的低分辨率影像进行融合,输出 t_2 时刻的预测高分辨率影像,从而对土地覆被类型的突变进行预测。影像在融合前需要

确保坐标系统一并重采样成相同像元大小。FSDAF 算法的融合分为六步：第一步，对 t_1 时刻的高分辨率影像进行非监督分类；第二步，估计低分辨率影像的每类地物在 t_1 至 t_2 时刻间的时间变化；第三步，利用第二步中计算得到的时间变化对 t_2 时刻的高分辨率影像进行预测，并完成低分辨率像元的残差的计算；第四步，利用薄板样条函数（TPS）对 t_2 时刻高分辨率影像进行预测；第五步，根据 TPS 预测值进行残差分配；第六步，通过邻域信息完成 t_2 时刻的高分辨率影像预测，具体流程如图 3.3 所示。

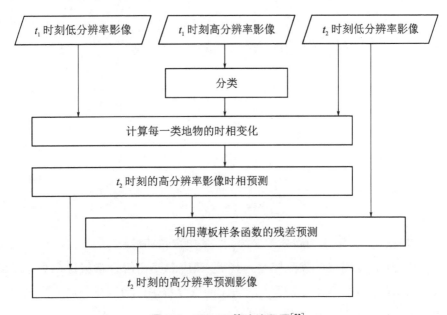

图 3.3 FSDAF 算法流程图[52]

首先，采用非监督分类器，通过设置类别数对影像进行自动分类。通过计算每一类别高分辨率的像元数量，求得低分辨率像元中的类别比重 f_c：

$$f_c(x_i, y_i) = N_c(x_i, y_i)/m \tag{3.21}$$

式中，m 为 c 类别的高分辨率像元总数；(x_i, y_i) 为第 i 个像元的坐标位置；$N(x_i, y_i)$ 为 c 类别在低分辨率像元中的高分辨率像元总数。

按照光谱线性混合理论，低分辨率像元的时间变化加权公式如下：

$$\Delta C(x_i, y_i, b) = \sum_{c=1}^{l} f_c(x_i, y_i) \times \Delta F(c, b) \tag{3.22}$$

式中，l 表示非监督分类的类别总数；$\Delta F(c, b)$ 表示高分辨率对应波段在 t_1、t_2 间的变化。其中，$\Delta C(x_i, y_i, b) = C_2(x_i, y_i, b) - C_1(x_i, y_i, b)$，$C_1(x_i, y_i, b)$、$C_2(x_i, y_i, b)$ 分别表示 t_1、t_2 时刻的低分辨率的波段值。

其次，将每个类别的时间变化分配给相关的高分辨率像元，而类别内的变化无需考虑。若 t_1 到 t_2 时刻间的土地覆被类型并未发生改变，高分辨率像元在 t_2 时刻的值可以通过 t_1 时刻的观测值与时间变化之和求得：

$$F_2^{\mathrm{TP}}(x_{ij}, y_{ij}, b) = F_1(x_{ij}, y_{ij}, b) + \Delta F(c, b) \tag{3.23}$$

式中，(x_{ij}, y_{ij}) 表示第 j 个高分辨率像元在第 i 个低分辨率像元中的具体位置；$F_2^{\mathrm{TP}}(x_i, y_i, b)$ 为时间预测，未使用到任何空间信息；$F_1(x_{ij}, y_{ij}, b)$ 为 t_1 时刻的观测值。

随后，利用残差 $R(x_i, y_i, b)$ 的分配，相应提高高分辨率像元时间预测值的准确性。

$$R(x_i, y_i, b) = \Delta C(x_i, y_i, b) - \frac{1}{m}\Big[\sum_{j=1}^{m} F_2^{\mathrm{TP}}(x_{ij}, y_{ij}, b)$$
$$- \sum_{j=1}^{m} F_1(x_{ij}, y_{ij}, b)\Big] \tag{3.24}$$

式中，$F_2^{\mathrm{TP}}(x_{ij}, y_{ij}, b)$ 为高分辨率像元在 t_2 时刻的值。

然而，由于 t_2 时刻的预测值是未知的，相应的变化信息均包含在对应时刻的低分辨率像元中。因此，通过对 t_2 时刻的低分辨率影像进行降尺度来获取相应时刻高分辨率的另一预测值，有利于时间预测残差的进一步分配，该预测称为空间预测。随后，采用薄板样条（TPS）方法进行降尺度处理，再利用已知点的数据值通过能量函数的最小化进行拟合。其中，已知 N 个点数据，对于波段 b 的 TPS 基本函数可以定义为

$$f_{\mathrm{TPS}-b}(x, y) = a_0 + a_1 x + a_2 y + \frac{1}{2}\sum_{i=1}^{N} b_i r_i^2 \log r_i^2 \tag{3.25}$$

式中，$r_i^2 = (x - x_i)^2 + (y - y_i)^2$，设置 $\sum_{i=1}^{N} b_i = \sum_{i=1}^{N} b_i x_i = \sum_{i=1}^{N} b_i y_i = 0$ 为约束条件，a_0、a_1、a_2 和 b_i 均为最优参数。通过优化参数，预测值可表示为

$$F_2^{\mathrm{SP}}(x_{ij}, y_{ij}, b) = f_{\mathrm{TPS}-b}(x_{ij}, y_{ij}) \tag{3.26}$$

接着,引入加权函数进行残差的分配:

$$CW(x_{ij}, y_{ij}, b) = E_{ho}(x_{ij}, y_{ij}, b) \times HI(x_{ij}, y_{ij}) +$$
$$E_{he}(x_{ij}, y_{ij}, b) \times [1 - HI(x_{ij}, y_{ij})] \tag{3.27}$$

式中,$HI(x_{ij}, y_{ij}) = \left(\sum_{k=1}^{m} I_k\right)/m$,为同质函数,范围为 0 到 1;$CW(x_{ij}, y_{ij}, b)$ 为权重系数;$E_{ho}(x_{ij}, y_{ij}, b)$ 和 $E_{he}(x_{ij}, y_{ij}, b)$ 分别为在同质和异质景观下的时间预测误差。根据 $CW(x_{ij}, y_{ij}, b)$ 求得权重归一化后的 $W(x_{ij}, y_{ij}, b)$。

$$W(x_{ij}, y_{ij}, b) = CW(x_{ij}, y_{ij}, b) / \sum_{j=1}^{m} CW(x_{ij}, y_{ij}, b) \tag{3.28}$$

则第 i 个高分辨率像元分配到的残差为

$$r(x_{ij}, y_{ij}, b) = m \times R(x_{ij}, y_{ij}, b) \times W(x_{ij}, y_{ij}, b) \tag{3.29}$$

式中,$R(x_{ij}, y_{ij}, b)$ 为精细像元的真实值和时间预测之间的残差。

将分布残差和时间变化相加,可得到高分辨率像元总变化的预测结果:

$$\Delta F(x_{ij}, y_{ij}, b) = r(x_{ij}, y_{ij}, b) + \Delta F(c, b) \tag{3.30}$$

最后,考虑光谱差异和空间距离的权重,采用和 STARFM 算法一样的加权方法进行分析,从而得到 t_2 时刻最终的预测结果:

$$\hat{F}_2(x_{ij}, y_{ij}, b) = F_1(x_{ij}, y_{ij}, b) + \sum_{k-1}^{n} w_k \times \Delta F(x_k, y_k, b) \tag{3.31}$$

式中,k 为相似像元个数;w_k 为相似像元权重,计算公式见式(3.20)。

3.2.2　参数设置和模型构建

(1)参数设置

① STARFM 模型

在使用 STARFM 模型进行时空融合时,需要设置阈值和移动窗口两个参数。

首先是阈值的设置,STARFM 模型的关键在于寻找邻近相似像元,涉及空间信息的权衡考虑。权重函数需要根据研究区域的复杂性和异质性进行调整。模型运行主要包括光谱相似像元寻找和相似像元筛选两大过程。光谱相似性能够确保从高分辨率的相邻像元中获取正确的光谱信息,本研究选用的阈值法能根据邻近像元与中心像元的反射率差值进行判断,从而提高模型的精度,具体表达式如下:

$$|f(i, j) - f(x_{w/2}, y_{y/2})| < G_{stdv} \cdot 2/m \tag{3.32}$$

式中,$f(i, j)$ 为邻近像元的反射率值;$f(x_{w/2}, y_{w/2})$ 为移动窗口的中心像元的反射率值;G_{stdv} 为高分辨率的标准方差;m 为预估的地物类型总数。

其次,需对移动窗口进行调整。黄永喜等人[53]认为模型中窗口设置较大,将弱化距离权重对邻近相似像元带来的影响,导致移动窗口内光谱相似像元反射率的均一化,从而加大融合影像的误差和计算量,不利于获取地物的变化信息。且研究区地势相对平缓,属于低山、丘陵、山前平原和冲积平原地貌。因此,本研究分别进行移动窗口大小为 6 m×6 m(3×3)、18 m×18 m(9×9)和54 m×54 m(27×27)的尝试。通过目视评价,最终确定移动窗口大小为 6 m×6 m(3×3)。

② FSDAF 模型

在使用 FSDAF 模型进行时空融合时,需要调整土地覆盖类型数量、邻近相似像元数量等关键参数。参考 Zhou 等人[54]在参数设置上的建议,土地覆盖类型数量设置在 5~7 之间。算法中搜索邻近相似像元的数量、移动窗口大小与高低分辨率的比值相关(假设为 R),相似像元数量一般设置为 $R×1.5$ 并向上取整,移动窗口设置为$(R×1.5)/2$ 并向上取整。因此,经过反复调整,最终设置土地覆盖类型数量为 6,邻近相似像元数量为 23,移动窗口大小为 12,融合数据范围为 0 到 255。

(2) 模型构建

本研究中时空融合所采用是 2020 年、2021 年的 Landsat-GF 的遥感数据源。其中,2020 年的 GF-6、Landsat 8 影像数据作为模型的高、低分辨率输入项;2021 年的 Landsat 8 影像数据作为低分辨率输入项,用于预测;而 2021 年 GF-1 影像数据则用于验证融合影像质量。所用的遥感影像均经过辐射定标、大气校正、波段处理、影像裁剪等操作,为确保坐标系及像元大小一致,统一投影为2000 国家大地坐标系,重采样为 2 m 空间分辨率。两种传感器的真彩色三波段宽度对应关系见表 3.2,研究所用数据源详见表 3.3。

表 3.2 Landsat 8 与 GF-6 真彩色波段宽度对应表

序号	波段	Landsat 8		GF-6	
		波段范围（μm）	空间分辨率（m）	波段范围（μm）	空间分辨率（m）
1	Blue	0.450～0.515		0.45～0.52	
2	Green	0.525～0.600	30	0.52～0.60	2
3	Red	0.630～0.680		0.63～0.69	

表 3.3 研究所用数据源

Landsat 8			国产高分		
日期	影像云量（%）	用途	型号	日期	用途
2020.04.15	1.06	基准	GF-6	2020.02.04	基准
2021.06.25	2.53	预测	GF-1	2021.05.08	验证

参数调整后，在研究区进行相应的时空融合预测实验，从定性、定量两方面评价 STARFM、FSDAF 这两种时空融合方法。结合 Landsat 8 全色和多光谱融合的最优结果，共进行四种时空融合方案精度的比较，融合方案具体安排如表 3.4 所示，具体路线如图 3.4 和图 3.5 所示。通过后续融合结果的对比分析，可以获取精度高且适合于贾汪区的最佳时空融合方案。

表 3.4 四种融合方案统计表

实验方案	方法	输入项			输出项
		t_1		t_2	t_2
Case 1	STARFM	L_1 (30 m)	G_1 (2 m)	L_2 (30 m)	G_2 (2 m)
Case 2	STARFM_NND	N_1 (15 m)	G_1 (2 m)	N_2 (15 m)	G_2 (2 m)
Case 3	FSDAF	L_1 (30 m)	G_1 (2 m)	L_2 (30 m)	G_2 (2 m)
Case 4	FSDAF_NND	N_1 (15 m)	G_1 (2 m)	N_2 (15 m)	G_2 (2 m)

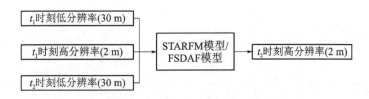

图 3.4 STARFM、FSDAF 方案流程简图

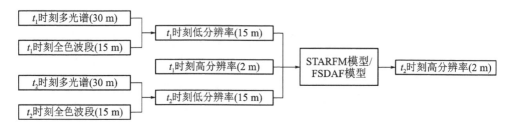

图 3.5　STARFM_NND、FSDAF_NND 方案流程简图

表 3.4、图 3.4 和图 3.5 中，t_1、t_2 表示影像输入和预测时刻，分别对应 2020 年和 2021 年，L_1、L_2 表示 t_1、t_2 时刻的 30 m 分辨率 Landsat 8 影像，N_1、N_2 表示 t_1、t_2 时刻的 15 m 分辨率 NND 融合影像，G_1、G_2 分别为 t_1、t_2 时刻 2 m 高分影像，STARFM_NND、FSDAF_NND 分别表示 Landsat 8 多光谱影像与全色影像进行 NND 融合变换后再进行 STARFM、FSDAF 时空融合。

3.3　时空融合结果评价

下文对四种时空融合方案从主客观两方面进行融合效果评价。选用 2020 年和 2021 年 Landsat-GF 遥感影像作为输入数据，对比四种融合方案的预测结果。在主观定性评价方面，主要以时空融合结果的目视效果为评价标准。本研究共选择四种具有代表性的地物类型转变区域进行细节展示和评价，并根据评价指标进一步进行定量分析，详见表 3.5 和图 3.6。

表 3.5　地物类型转变区域汇总表

研究区	土地利用类型	
	2020 年	2021 年
1	耕地	建筑用地
2	耕地	交通运输用地
3	水域	人为扰动用地
4	草地	建筑用地

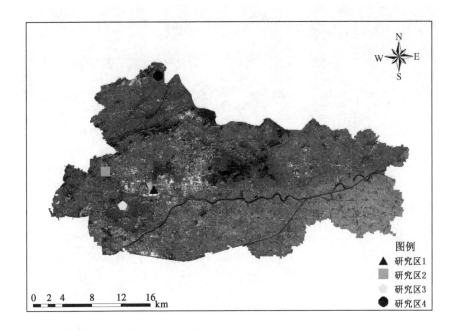

图 3.6　四个代表性区域位置图

3.3.1　目视评价

（1）研究区 1 的目视评价

对比研究区 1 的 2020 年和 2021 年高分影像可以看出，影像的右上角区域土地利用类型由耕地转变为建设用地。影像的其他区域内建筑物、道路等地物类型基本保持一致，并未发生显著变化。针对四种时空融合方案，利用 STARFM、FSDAF 两种时空融合算法得到了相应的融合结果，具体如图 3.7 所示。

对四种时空融合影像预测结果进行目视对比可以看出，四幅融合影像色彩较丰富且清晰，地物对比也较为明显，影像未存在较为严重的质量问题，均可进行后续目视解译的操作。从四种融合影像的整体色调上来看，由于融合过程中受传感器不同的影响，融合影像与高分真实影像色调相比，略显暗沉。对比影像的饱和度可以看出，STARFM 模型得到的融合结果饱和度高于 FSDAF 模型结果，色彩鲜艳程度更好。在地物类型不变区域，地物的属性、形状、分布范围均

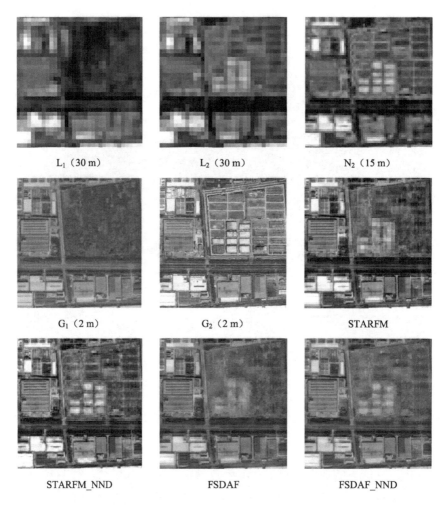

L_1（30 m）　　　　　　L_2（30 m）　　　　　　N_2（15 m）

G_1（2 m）　　　　　　G_2（2 m）　　　　　　STARFM

STARFM_NND　　　　　　FSDAF　　　　　　FSDAF_NND

图 3.7　研究区 1 不同影像融合效果展示图

得到了较好的体现。然而，在影像中上部地物类型发生变化的区域，采用经过
NND 变换的全色和多光谱融合影像，即 STARFM_NND、FSDAF_NND 融合
方案，比原始 Landsat-GF 影像的融合效果要好。尤其对于影像中部新建的建
筑物区域以及区域内的道路，STARFM_NND 和 FSDAF_NND 融合方案的纹
理特征相对于 STARFM 和 FSDAF 方案更为清晰。进一步对比两种时空融合
模型 STARFM 和 FSDAF，STARFM 模型虽存在一定的斑块化效应，但单个建
筑物轮廓更为清晰；而 FSDAF 模型的异质区域性设计针对无周期性的突变地物
预测效果较差，边界较为模糊，纹理表达不清。综合来看，STARFM_NND 融合

方案与真实影像在地物细节特征上吻合度最高,有较高的相似性,整体效果最佳。

(2) 研究区 2 的目视评价

对比研究区 2 的 2020 年和 2021 年高分影像,可以清晰地看出,2021 年的影像比 2020 年的影像新增了一条贯穿区域的道路,而其余区域中的地物类型均保持不变。采用四种时空融合方案,得到以下四种融合影像图。

从图 3.8 可以看出,四幅融合影像整体色彩丰富,与高分影像的色调保持一

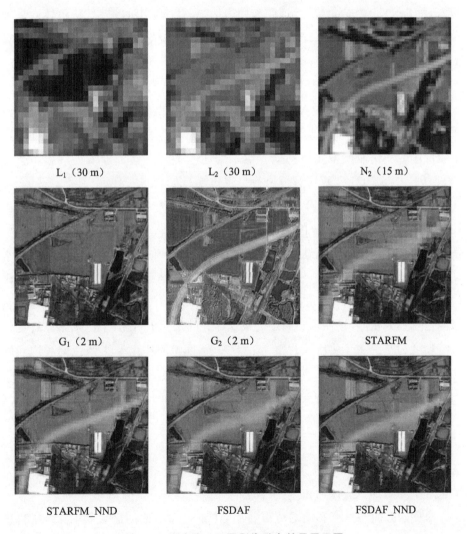

L₁(30 m)	L₂(30 m)	N₂(15 m)
G₁(2 m)	G₂(2 m)	STARFM
STARFM_NND	FSDAF	FSDAF_NND

图 3.8　研究区 2 不同影像融合效果展示图

致,融合结果并未存在较为严重的失真,且均能反映出地物的转变。具体比较各融合影像在地物转变上的预测情况可知:通过 STARFM 模型得到的两种融合影像图,存在一定程度的斑块化效应,但 STARFM_NND 的融合影像通过 NND 融合变换,增加了输入影像的信息量,使得各类地物间区别明显,层次更为分明,道路边界更为清晰明确。而 FSDAF 模型预测得到的两种融合影像均存在晕边现象,尤其是 FSDAF 融合方法得到的道路影像与周边耕地的边界区分较差,而 FSDAF_NND 融合影像相比于 FSDAF 融合影像融合效果要好一些,但对比 STARFM_NND 融合影像,其道路与周边地物的纹理相对较差。从整体效果来看,STARFM_NND、FSDAF_NND 融合影像均能较好地反映出地物类型的转变,与真实影像相比,纹理特征清晰且融合质量较高。

(3) 研究区 3 的目视评价

对比研究区 3 的 2020 年和 2021 年真实影像,在影像中部的天然水域,水域面积因周边人为扰动而显著减少,且在水域四周有运输道路的建设,其余周边城镇建设用地和耕地类型保持不变。运用前述四种时空融合方案进行影像融合(图 3.9),并与 2021 年真实影像进行目视比较。

对比 2020 年和 2021 年的真实影像,并观察四幅时空融合影像,在水域边界处,均可以看出发生了明显的变化,部分水域面积因人为干扰而减少。对比四幅融合影像变化区域的预测结果,FSDAF 算法因对异质变化区域较为敏感,在水域边界处的预测较为精确。STARFM 方案的融合结果存在较为严重的斑块化效应,而 STARFM_NND 方案融合影像相比于 STARFM 方案融合影像,与真实影像边界更为相似,且在水域周围的运输道路的预测上,比其余三幅影像有更好的清晰度和层次性。从目视的整体效果来看,四幅时空融合影像色调和饱和度大致相似,其中,STARFM_NND 方案融合影像地物变化特征明显且轮廓清晰,融合质量最佳。

(4) 研究区 4 的目视评价

研究区 4 的 2020 年和 2021 年高分影像在土地利用类型上发生了较大的转变,由原先的草地转变成了建设用地,新建了较大的白色厂房。运用前述四种方案生成了如图 3.10 所示的时空融合影像图。

对比四幅时空融合影像图可以看出,在原先为草地的区域,均能看到明显的白色建筑物区域。其中,STARFM 方案的融合影像存在较为严重的斑块化

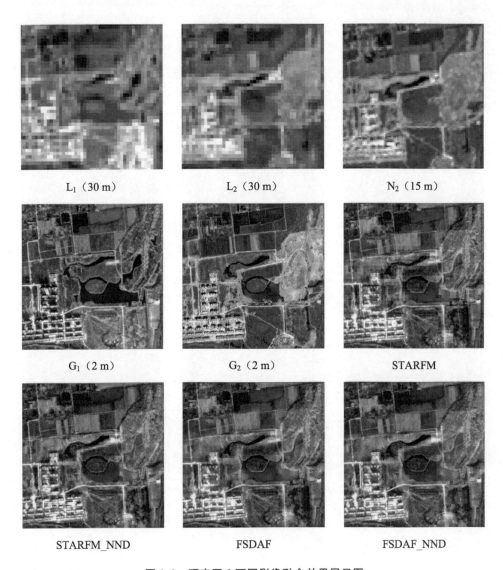

L₁（30 m）　　　　L₂（30 m）　　　　N₂（15 m）

G₁（2 m）　　　　G₂（2 m）　　　　STARFM

STARFM_NND　　　　FSDAF　　　　FSDAF_NND

图 3.9　研究区 3 不同影像融合效果展示图

现象,融合影像目视效果最差。STARFM_NND 方案的融合影像虽也因
STARFM 算法的影响,存在一定的斑块化现象,但其建筑物轮廓清晰,与真实
影像中建筑物的几何形状、分布范围最为接近。FSDAF 方案的融合影像则存
在较为严重的晕边现象,边界模糊。FSDAF_NND 方案的融合影像相比于
FSDAF 方案,目视效果更好一些,存在一定的边界轮廓。从整体效果来看,四
幅影像的色调、饱和度均较为接近,与真实影像均存在一定的相似性。其中,

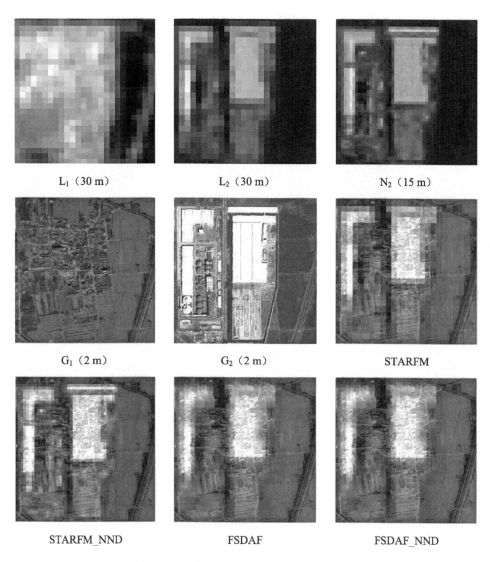

L_1（30 m）　　　　　　L_2（30 m）　　　　　　N_2（15 m）

G_1（2 m）　　　　　　G_2（2 m）　　　　　　STARFM

STARFM_NND　　　　　　FSDAF　　　　　　FSDAF_NND

图 3.10　研究区 4 不同影像融合效果展示图

STARFM_NND 方案融合影像和 FSDAF_NND 方案融合影像的相似程度更高,目视效果也更好。

综合四个研究区的目视评价结果,各融合影像均能反映出相应地物类型的转变,并有一定的轮廓范围,均不存在较为严重的影像质量问题,可供后续采用目视解译法对贾汪区土地利用类型进行分类。影像整体色调与真实影像较为接近,且色彩均匀真实,纹理细节清晰,地物边界明确。STARFM_NND 和

FSDAF_NND 时空融合方案相较于 STARFM 和 FSDAF 融合方案,影像有更好的层次性,融合效果更好,地物边界更为明显。STARFM_NND 时空融合方案存在轻微的斑块化现象,但融合效果最佳,而 FSDAF_NND 时空融合方案则有一定的晕边现象,但对后续解译影响较小,融合效果次之。

3.3.2 定量评价

在对时空融合影像进行定性评价后,为了进一步确保评定的真实可靠和客观性,还应从定量角度对融合影像进行客观评价指标的计算。为了定量评价四种融合方案的预测效果,本研究将各融合影像与 GF-1 真实影像进行对比,根据章节 3.1.2 中介绍的融合评价指标(标准差 SD、相关系数 R、信息熵 En 和平均梯度 G)对各融合影像进行评估分析,并以真实影像为 x 轴,融合影像为 y 轴,绘制各时空融合影像与真实影像的逐波段密度散点图,从而清晰地看出融合影像和真实影像间在不同波段上的离散性。

表 3.6 为研究区 1 融合影像评价指标统计情况。从标准差上看,四种方案得到的融合结果的标准差值均在 42 左右,相差不大。按照三波段标准差的平均值进行排序,STARFM_NND 融合影像的标准差值最大,STARFM 方案次之,意味着该方法得到的融合影像反差较大,信息量也较丰富,而 FSDAF 方案融合影像标准差最小。从四种方案的融合影像与真实影像的相关系数来看,STARFM、STARFM_NND、FSDAF、FSDAF_NND 的相关系数均值分别为 0.681、0.725、0.690、0.730。整体上,FSDAF_NND 与 STARFM_NND 方案的融合结果的相关系数均值较为接近,且较高,STARFM 融合结果的相关系数均值最低。其次,对比三波段的相关性,蓝色波段的相关性整体高于红色、绿色波段,最高达到 0.762。从信息熵上看,STARFM_NND 方案的融合结果的绿色、蓝色波段均比 STARFM 方案的融合结果要高,FSDAF_NND 方案的融合结果的绿色、蓝色波段也均比 FSDAF 方案的高,整体均值得到了提高,说明融合影像的信息量通过全色与多光谱融合后得到了一定的增加,且 STARFM_NND 方案生成的影像均值最高,信息量最丰富。从平均梯度看,STARFM_NND、FSDAF_NND 方案的融合结果的平均梯度值均通过 NND 变换得到了增强,表明影像细节和纹理特征均得到了提升。整体而言,对比 STARFM、FSDAF 两种融合模型,STARFM

算法得到的融合结果的平均梯度值均高于 FSDAF 算法的融合结果。STARFM_NND 方案的融合结果的平均梯度均值最高,FSDAF 方案的融合结果的平均梯度均值最低。从四种不同方案的各波段密度散点图(图 3.11)来看,FSDAF_NND 方案的相关性最好,各波段与等值线最为接近。综合而言,四种融合方案中,STARFM_NND 方案融合效果最佳,FSDAF_NND 方案次之。

表 3.6　研究区 1 融合影像评价指标统计表

方法	数据项	标准差	相关系数	信息熵	平均梯度
STARFM	R	43.843	0.688	7.427	43.314
	G	41.921	0.646	7.255	42.705
	B	43.134	0.710	7.266	39.104
	均值	42.966	0.681	7.316	41.708
STARFM_NND	R	43.773	0.731	7.420	46.467
	G	42.263	0.689	7.294	45.819
	B	44.238	0.755	7.315	41.726
	均值	43.425	0.725	7.343	44.671
FSDAF	R	42.870	0.697	7.389	41.714
	G	41.033	0.655	7.215	41.270
	B	42.011	0.719	7.226	38.696
	均值	41.971	0.690	7.277	40.560
FSDAF_NND	R	42.413	0.735	7.372	43.086
	G	40.838	0.692	7.232	42.409
	B	42.765	0.762	7.242	39.823
	均值	42.006	0.730	7.282	41.773

表 3.7 为研究区 2 融合影像的定量评价指标统计情况。从标准差来看,STARFM_NND、FSDAF_NND 方案的融合结果标准差值在各波段上均高于 STARFM、FSDAF 方案的融合结果,且两种时空融合模型标准差值较为接近。其中,STARFM_NND 方案融合结果的标准差均值最高,为 32.167,FSDAF 方案融合结果的标准差均值最低,为 29.423。从相关系数来看,四种时空融合方法得到的融合结果对应的相关系数均值分别为 0.656、0.705、0.660 和 0.707,

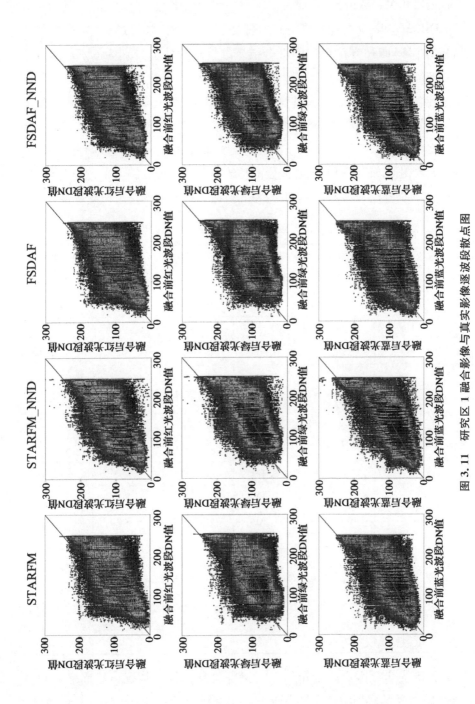

图 3.11 研究区 1 融合影像与真实影像逐段波段散点图

且蓝色波段相关系数值最高,绿色波段相关系数值最低。整体而言,STARFM_NND、FSDAF_NND 两种方法得到的融合结果的相关系数最优,为 0.7 左右。从信息熵来看,四种方法得到的融合结果的信息熵均值分别为 6.386、6.435、6.347 和 6.393,STARFM_NND 方案的融合结果的各波段信息熵值均最高,信息量最丰富,而 FSDAF 方案的融合结果的信息熵最低。从平均梯度来看,FSDAF 方案的融合结果的平均梯度均值最高,影像细节表达最好,STARFM_NND 方案次之,FSDAF_NND 方案最低。从散点图(图 3.12)上来看,四幅融合影像散点分布大致相似,而 STARFM 各波段的整体离散性最低。综合上述定量评价结果,对比四种时空融合方案,STARFM_NND 方案得到的融合影像质量最好。

表 3.7 研究区 2 融合影像评价指标统计表

方法	数据项	标准差	相关系数	信息熵	平均梯度
STARFM	R	29.528	0.621	6.549	55.719
	G	32.146	0.592	6.717	54.183
	B	27.734	0.756	5.892	49.125
	均值	29.803	0.656	6.386	53.009
STARFM_NND	R	32.504	0.698	6.561	54.233
	G	33.887	0.631	6.759	54.324
	B	30.111	0.785	5.984	52.252
	均值	32.167	0.705	6.435	53.603
FSDAF	R	28.971	0.625	6.496	55.581
	G	31.996	0.592	6.705	53.825
	B	27.303	0.763	5.839	51.895
	均值	29.423	0.660	6.347	53.767
FSDAF_NND	R	31.942	0.699	6.527	51.635
	G	33.484	0.630	6.733	52.915
	B	29.449	0.792	5.919	51.682
	均值	31.625	0.707	6.393	52.077

表 3.8 为研究区 3 融合影像的定量评价指标统计情况。从标准差来看,STARFM 模型的两种融合结果高于 FSDAF 模型的两种融合结果,且红色波段

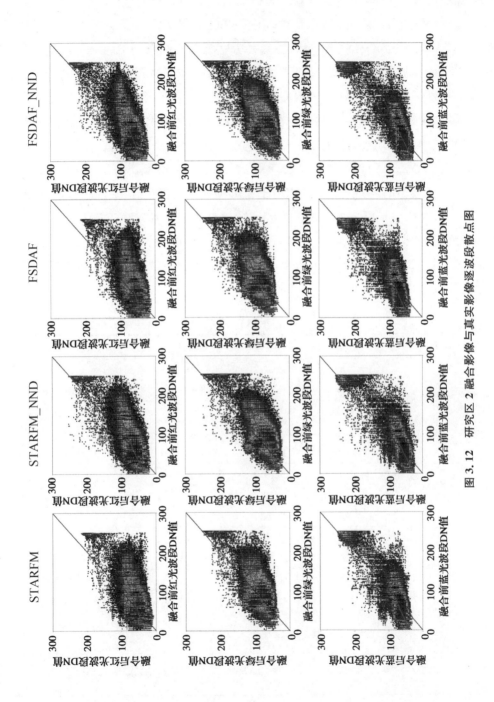

图3.12 研究区2融合影像与真实影像逐波段散点图

的标准差均高于绿色和蓝色波段。整体而言,STARFM_NND 方案的融合结果标准差均值最高。从相关系数来看,由于该研究区地物类型复杂,整体相关性较低,STARFM_NND、FSDAF_NND 两种方法得到的融合结果的相关系数均值较高。其中,FSDAF_NND 融合结果的相关系数均值最高,其次是 STARFM_NND 方案,而 STARFM 方案相关系数均值最低。从信息熵来看,四种融合方法的信息熵均值均保持在 6.4 左右,红色波段的信息熵均高于绿色、蓝色波段。对融合影像信息熵进行排序,STARFM_NND 融合结果的信息熵值最高,信息最丰富;STARFM 融合结果次之,FSDAF 融合结果最低。从平均梯度来看,STARFM 模型的两种融合结果均高于 FSDAF 模型的融合结果,说明对于该研究区,STARFM 模型增加的纹理细节等特征更好。整体来看,STARFM_NND 融合结果的平均梯度值最高,FSDAF_NND 融合结果的平均梯度值最低。从密度散点图(图 3.13)来看,STARFM_NND 方案的整体相关性略高,STARFM 方案相比之下有较多的离散点,相关性较低。

表 3.8 研究区 3 融合影像评价指标统计表

方法	数据项	标准差	相关系数	信息熵	平均梯度
STARFM	R	28.292	0.604	6.800	56.861
	G	23.223	0.552	6.417	64.440
	B	18.903	0.564	6.009	48.670
	均值	23.473	0.573	6.409	56.657
STARFM_NND	R	27.690	0.637	6.762	59.412
	G	23.775	0.589	6.459	66.144
	B	20.203	0.629	6.086	51.228
	均值	23.889	0.618	6.436	58.928
FSDAF	R	27.438	0.620	6.757	55.127
	G	22.525	0.566	6.371	63.244
	B	18.174	0.588	5.958	48.133
	均值	22.712	0.591	6.362	55.501
FSDAF_NND	R	26.725	0.647	6.713	54.918
	G	22.868	0.600	6.403	62.150
	B	19.265	0.649	6.018	47.278
	均值	22.953	0.632	6.378	54.782

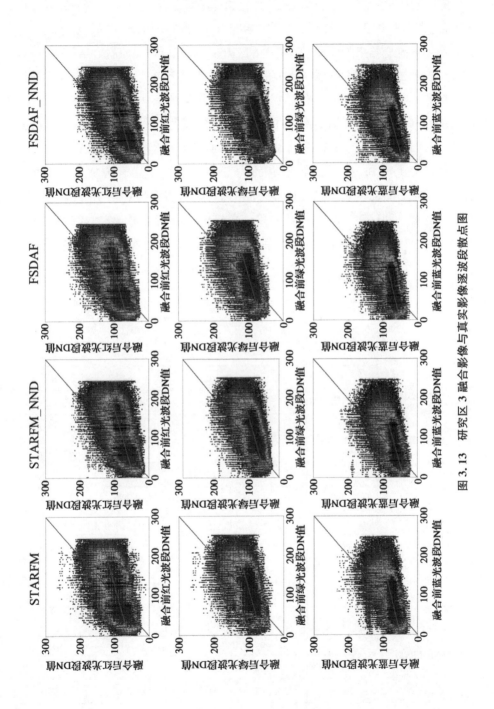

图 3.13 研究区 3 融合影像与真实影像逐波段散点图

表 3.9 为研究区 4 融合影像的各评价指标统计情况。图 3.14 为研究区 4 融合影像与真实影像逐波段散点图。从标准差来看,STARFM_NND 和 FSDAF_NND 方案的融合结果的标准差均值比 STARFM 和 FSDAF 方案融合结果高,表明全色融合 NND 变换增加了输入影像的信息量。而且蓝色波段的标准差均高于其他两波段。从整体上来看,STARFM_NND 融合结果的标准差均值最高,FSDAF_NND 融合结果的标准差均值次之,FSDAF 融合结果的标准差均值最低。从相关系数来看,四种方法得到的融合结果的相关系数均值分别为 0.602、0.741、0.641 和 0.748,对比可知,相关系数最高的为 FSDAF_NND 融合方案,最低的为 STARFM 融合方案,两者相差 0.146,且 FSDAF_NND 方案的融合结果的蓝色波段最高,达 0.822。从信息熵来看,各波段信息熵值均保持在 6.7 左右,STARFM_NND、FSDAF_NND 方案的融合结果的信息熵分别高于 STARFM、FSDAF,说明

表 3.9　研究区 4 融合影像评价指标统计表

方法	数据项	标准差	相关系数	信息熵	平均梯度
STARFM	R	31.007	0.538	6.828	42.902
	G	30.231	0.563	6.751	46.952
	B	34.142	0.705	6.612	27.860
	均值	31.793	0.602	6.730	39.238
STARFM_NND	R	34.659	0.692	6.880	43.010
	G	34.156	0.714	6.846	45.903
	B	37.373	0.816	6.635	29.718
	均值	35.396	0.741	6.787	39.544
FSDAF	R	29.447	0.574	6.772	41.449
	G	28.329	0.603	6.668	46.470
	B	32.509	0.746	6.593	30.364
	均值	30.095	0.641	6.678	39.428
FSDAF_NND	R	33.054	0.703	6.846	41.050
	G	32.260	0.718	6.801	44.461
	B	35.806	0.822	6.658	30.642
	均值	33.707	0.748	6.768	38.718

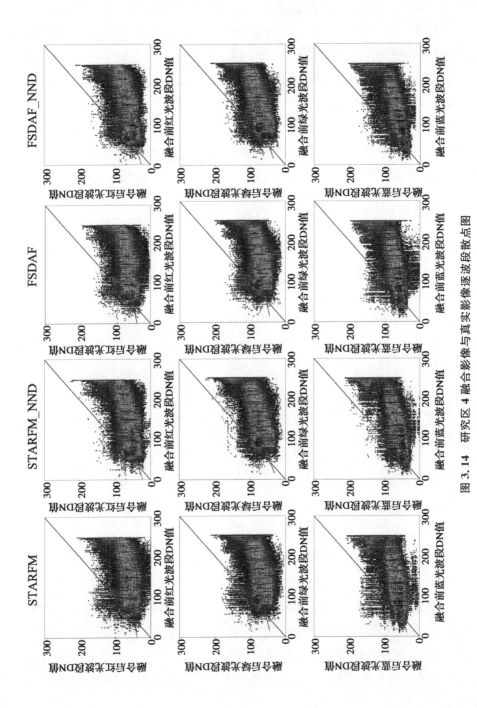

图 3.14　研究区 4 融合影像与真实影像逐波段散点图

全色融合 NND 变换增加了信息的丰富度。从平均梯度来看,该研究区绿色波段平均梯度值最高,蓝色波段平均梯度最低。整体而言,STARFM_NND 融合结果平均梯度最高,纹理层次好,FSDAF 融合结果次之,FSDAF_NND 融合结果最低。总体分析各项指标,STARFM_NND 融合结果的质量最好,结果精度最高。从散点图来看,FSDAF_NND 方案的相关性最好。

综合分析四个研究区的各项指标评价和散点分布图可知,STARFM_NND 方案的融合结果在标准差、相关系数、信息熵等指标上整体高于其他三种融合方法,反映出了较好的融合效果,预测精度较高,与目视评价结果保持一致。

3.3.3 效率评价

为了进一步定量评估各时空融合方法的计算效率,本研究统计了各方案的运行时间。STARFM、STARFM_NND、FSDAF、FSDAF_NND 四种时空融合方案均使用 ENVI IDL 5.3 进行运行。运行平台为 Windows 10 系统,Intel Core i5 处理器,运行内存为 16 GB。实验过程中,其余软件程序、任务均关闭,以保证运行时间统计的公平性。四种时空融合方案的算法所需的运行时间统计如表 3.10 所示。

表 3.10 融合时间统计表

研究区	图像大小(cm)	融合用时(s)			
		STARFM	STARFM_NND	FSDAF	FSDAF_NND
1	550×550	40.60	40.35	5 959.44	7 400.78
2	450×450	32.78	32.58	3 708.56	4 449.01
3	770×770	56.51	56.17	10 827.79	12 253.41
4	420×420	24.47	24.25	4 048.55	4 305.16

从表 3.10 中可以看出,STARFM 模型的计算效率是 FSDAF 模型的 100 倍以上,STARFM 和 STARFM_NND 的运算时间相差不大,且计算效率较高,短时间内便能完成融合,大大缩短了算法的运行时间。而 FSDAF 模型的计算效率较低,运行时间成本较高,而且 FSDAF_NND 方案比 FSDAF 方案多进行了一步NND 变换的融合,使得输入影像的光谱信息量得到增强,计算时长也有一定的增加。

　　两种时空融合算法时间计算成本相差较大,主要是因为算法的计算步骤。STARFM 算法需要进行邻近相似像元的识别,以及光谱差异、时相差异和距离差异三因子权重的计算。而 FSDAF 算法除了要检测相似像元以及计算权重,还要进行分类、时空预测和残差分配等,这些步骤都直接增加了计算时间。除此之外,算法的运行效率与图像大小也密切相关,两者基本呈正相关。

3.4　本章小结

　　本章首先介绍了全色与多光谱融合的六种融合变换原理,随后详细介绍了选用的各评价指标,并对融合影像进行定性、定量评价,从中挑选出 NND 变换为最优融合方法,为后续时空融合的研究提供参考依据。其次,对常用的时空融合模型 STARFM 模型和 FSDAF 模型的运算原理和步骤进行介绍,通过参数设置进行模型构建,结合 NND 变换方法,共进行四种时空融合方案的测试。最后从目视评价、指标定量评价以及效率评价三个方面,对四种具有代表性的地物类型转变区域进行融合预测。通过多角度对比,最终确定 STARFM_NND 融合方案影像质量最优,融合效果最佳,预测精度较高,能清晰地反映出地物类型的变化,有利于后续土地利用类型的解译。下一步将采用该时空融合方法生成整个贾汪区的融合影像,并进行目视解译,为计算 2021 年的土壤侵蚀模数做好高分辨影像准备。

4

基于多源遥感时空融合的
土壤侵蚀动态分析

4.1　基于时空融合影像的水土保持措施因子计算分析

前文通过从主观定性评价、客观定量评价以及效率评价三方面对各时空融合方案效果进行分析,最终确定了最佳的时空融合方案。本章选用 STARFM_NND 方案,首先对收集到的 2020 年和 2021 年 Landsat 8 和高分遥感影像进行相应预处理,并根据贾汪区边界进行裁剪,确保各影像的像元大小、坐标系和研究区范围相同。再与全色与多光谱波段进行 NND 变换融合,提高基础影像的空间分辨率,增加影像信息量和纹理细节特征。最后,选用 STARFM 时空融合模型,设置相应阈值和移动窗口等参数进行运算,从而得到 2021 年贾汪区高分辨率融合影像,如图 4.1 所示。采用目视解译法人工解译贾汪区的融合影像,以

图 4.1　贾汪区 STARFM_NND 时空融合影像

获取不同土地利用类型规模及分布,为土壤侵蚀模数各因子的计算做好基础数据准备。

4.1.1　土地利用和植被覆盖度分析

（1）土地利用类型

本研究采用目视解译法对贾汪区融合影像进行解译,得到贾汪区 2021 年度不同土地利用类型的面积及规模,详见图 4.2 和表 4.1。贾汪区总面积为 612.11 km²。其中,以耕地和建设用地两大类型占比最大,其次为林地、交通运输用地和水域及水利设施用地,而草地、园地和其他用地所占面积最少。其中,耕地面积为 303.44 km²,占全区总面积的 49.57%,以东部的汴塘镇、西部的青山泉镇、南部的塔山镇和北部的江庄镇分布较广;建设用地面积为 138.90 km²,占全区总面积的 22.69%,主要集中在老矿街道、江庄镇、大泉街道以及大吴街道;林地面积以有林地为主,总面积为 56.09 km²,占全区总面积的 9.16%,主要集中在大洞山景区、凤凰泉湿地公园、潘安湖湿地公园等风景区;水域及水利设施以河湖库塘为主,总用地面积为 42.59 km²;交通运输用地面积为 46.67 km²,占全

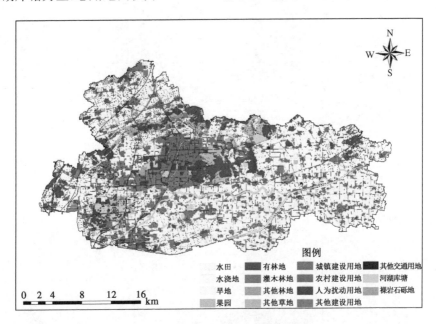

图 4.2　贾汪区土地利用空间分布图

区总面积的 7.62%；草地、园地总面积分别为 12.37 km²、11.99 km²，分别占全区总面积的 2.02%、1.96%；其他土地面积以裸岩石砾地为主，用地面积为 0.06 km²，占全区总面积的 0.01%。

表 4.1　贾汪区土地利用统计表

土地利用一级类	土地利用二级类	面积（km²）	占总面积的比例（%）
耕地	水田	78.98	12.90
	水浇地	0.00	0.00
	旱地	224.46	36.67
	小计	303.44	49.57
园地	果园	11.99	1.96
	茶园	0.00	0.00
	其他园地	0.00	0.00
	小计	11.99	1.96
林地	有林地	49.32	8.06
	灌木林地	1.45	0.24
	其他林地	5.32	0.87
	小计	56.09	9.16
草地	天然牧草地	0.00	0.00
	人工牧草地	0.00	0.00
	其他草地	12.37	2.02
	小计	12.37	2.02
建设用地	城镇建设用地	70.11	11.45
	农村建设用地	24.51	4.00
	人为扰动用地	27.09	4.43
	其他建设用地	17.19	2.81
	小计	138.90	22.69
交通运输用地	农村道路	0.00	0.00
	其他交通用地	46.67	7.62
	小计	46.67	7.62

土地利用一级类	土地利用二级类	面积（km²）	占总面积的比例（%）
水域及水利设施用地	河湖库塘	42.59	6.96
	沼泽地	0.00	0.00
	冰川及永久积雪	0.00	0.00
	小计	42.59	6.96
其他	盐碱地	0.00	0.00
	沙地	0.00	0.00
	裸土地	0.00	0.00
	裸岩石砾地	0.06	0.01
	小计	0.06	0.01
合计		612.11	100.00

说明：表中数据四舍五入，取约数。

（2）植被覆盖度分析

本研究根据参数修订方法，采用 250 m 空间分辨率的 MODIS 标准化植被指数（NDVI）产品以及植被盖度转换参数计算前 3 年（即 2018 年、2019 年和 2020 年）24 个半月的植被覆盖度 FVC，通过将三年栅格数据进行平均值运算，得到了该研究区的园地、林地和草地的年均植被覆盖度空间分布图，如图 4.3 所示，并汇总各植被覆盖度等级面积，详见表 4.2。

表 4.2　贾汪区园地、林地、草地植被覆盖度统计

覆盖度等级	面积（km²）	占比（%）
高覆盖（>75）	7.31	9.09
中高覆盖（60~75）	52.07	64.72
中覆盖（45~60）	17.01	21.14
中低覆盖（30~45）	3.65	4.54
低覆盖（<30）	0.41	0.51
总计	80.45	100.00

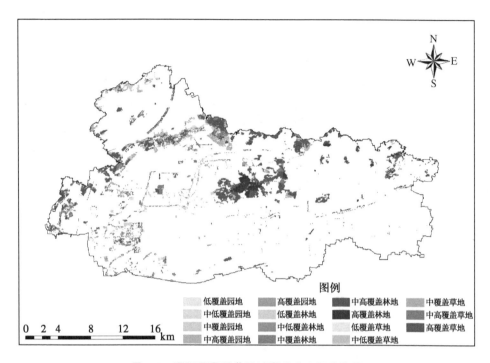

图 4.3　贾汪区园林草植被覆盖度空间分布图

　　贾汪区园林草总面积为 80.45 km², 占全区总面积的 13.14%。园林草植被覆盖度主要以中高覆盖度为主, 面积为 52.07 km², 占园林草总面积的 64.72%; 中覆盖度次之, 面积为 17.01 km², 占园林草总面积的 21.14%; 高覆盖度、中低覆盖度和低覆盖度面积都相应较少, 分别为 7.31 km²、3.65 km² 和 0.41 km², 分别占园林草总面积的 9.09%、4.54% 和 0.51%。整体上可以看出, 研究区内的植被状况良好, 中高覆盖面积最大, 其次为中覆盖和高覆盖, 中低覆盖和低覆盖的园林草面积占比较少。从空间分布上看, 中高及以上覆盖度主要集中在大洞山和西北部条带状山系, 且植被等级在垂直方向存在一定的差异。中高及以上覆盖度在京杭大运河等主要水系附近也广泛分布, 呈现依山而存、依水而活的植被空间分布特征。而其他覆盖度则分布较为分散, 以贾汪区西部区域所含面积较广。分析各植被类型的分布情况可知, 园地、林地绝大部分面积集中在低山丘陵地带, 而草地相对于园林地, 受地形因素影响较小, 但由于总面积较少, 分布较为分散。

4.1.2 水土保持措施因子分析

水土保持措施因子在土壤侵蚀过程中具有重要的作用,能有效地防治水土流失的发生。刘宝元教授基于国外的 USLE 模型和 RUSLE 模型,修订模型中的水土保持措施和作物两因子,使模型更符合中国水土流失的实际情况。本节基于时空融合影像解译后的土地利用类型,分别进行水土保持措施三因子的计算和研究分析。

(1)生物措施因子分析

本研究依据融合影像解译得到的土地利用类型,按照以下两大方面对各地物 B 因子进行合理计算:一方面,园地、林地和草地根据参数修正方法计算得到的植被覆盖度,参考相应的计算公式,求得园地、林地和草地的 B 因子值。另一方面,非园地、非林地和非草地则参照 B 因子赋值表进行合理赋值,针对特定土地利用类型,进行一对一赋值计算,使得生物措施因子结果更具针对性和准确性。贾汪区的 B 因子值的分布情况如图 4.4 所示。

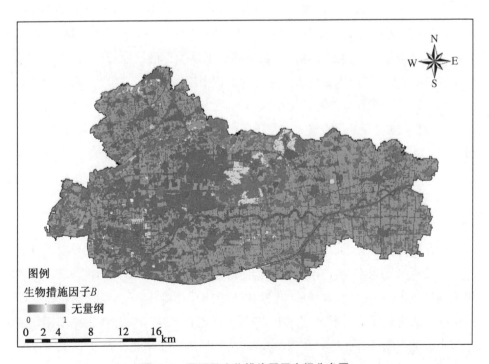

图 4.4　贾汪区生物措施因子空间分布图

B 因子值越接近 1,则表明该区域植被覆盖度越差,当 B 因子值为 1 时,则相当于无植被覆盖,属于裸露状态;而植被覆盖度较高的区域,B 因子值越低,最低值可为 0.01;当 B 因子值为 0 时,则表明该区域未发生土壤侵蚀,如水域及水利设施用地和其他土地,默认值为 0。由贾汪区生物措施因子分布可以看出,全区 B 因子的整体平均值为 0.55,值域为 0~1。B 因子的较低值主要出现在建设用地和交通运输用地,以及植被覆盖度较高的区域。在空间分布图上,贾汪区的中部及西南部由于城镇化程度较高且山区林草植被覆盖度较高,B 因子值较小。贾汪区内的耕地区域主要分布在东南部与西北部,由于其水土保持效应由耕作措施因子 T 反映,因此 B 因子赋值为 1,加之贾汪区土地利用类型以耕地为主,由此提高了全区的 B 因子均值。从整体上看,生物措施因子的特征与分布和植被覆盖度基本保持一致,高覆盖度区域 B 因子值较低,低覆盖度区域 B 因子值较高。

（2）工程措施因子分析

工程措施因子 E 反映了工程措施在水土保持上的作用,本质上是对比水土保持措施设置前后的土壤流失量。建设梯田、地梗、水平沟等改变地形的工程措施,可以减少径流和水土流失。E 因子的值域范围为 0~1,E 因子值接近 0 时,表明区域内采取了一定水土保持工程措施后未发生土壤侵蚀;而 E 因子值越接近 1 时,则表明区域内未布设水土保持的工程措施。

结合遥感影像和野外考察的结果可知,贾汪区内并未布设地梗、水平阶、鱼鳞坑、大型果树坑等工程措施。在贾汪区中部存在一定面积的坡式梯田,因子赋值为 0.414;而对于坡度≤2°的耕地,考虑高耕作措施,将工程措施因子赋值为 0.431;其余区域未涉及相应措施类型,均赋值为 1。贾汪区工程措施因子 E 的空间分布如图 4.5 所示。

（3）耕作措施因子分析

耕作措施因子 T 则反映了耕作措施在水土保持中的作用,其主要对象为耕地。与工程措施相比,耕作措施未改变任何地形情况,仅因不同的耕作制度对农田土壤造成影响。因此,解译后的耕地区域的耕作措施因子参考全国轮作区 T 因子赋值表进行赋值。通过查阅得知,贾汪区轮作区属于黄淮海平原南阳盆地旱地水浇地两熟区,因此对贾汪区耕地的耕作措施因子赋值为 0.413,其余土地利用类型区域内的耕作措施因子赋值为 1。

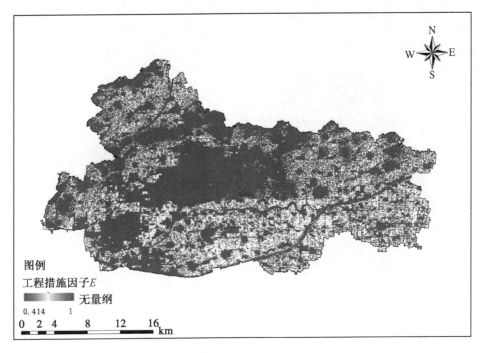

图 4.5 贾汪区工程措施因子空间分布图

4.2 土壤侵蚀结果和主要自然因子估算分析

4.2.1 降雨侵蚀力因子分析

降雨作为驱动因子之一,能通过降雨侵蚀力对水土流失产生影响。贾汪区地处北亚热带向暖温带过渡地带,四季分明,雨量充沛,降雨侵蚀力对地表土壤产生较强的侵蚀作用。本研究根据 1986—2015 年的降雨资料,采用刘宝元教授提出的冷暖季日雨量计算方法计算降雨侵蚀力因子,并根据计算结果利用普通克里金空间插值法生成多年平均降雨侵蚀力图,即 10 m 分辨率的栅格数据。从图 4.6 中可以看出,贾汪区年降雨侵蚀力的高值主要分布在东部地区,总体呈现从西到东递增的分布规律。由于西北部存在低山、丘陵,因此降雨侵蚀力相对较低。全区因子总值域范围为 4 027~4 172 MJ·mm/(hm²·h·a),高低值之间

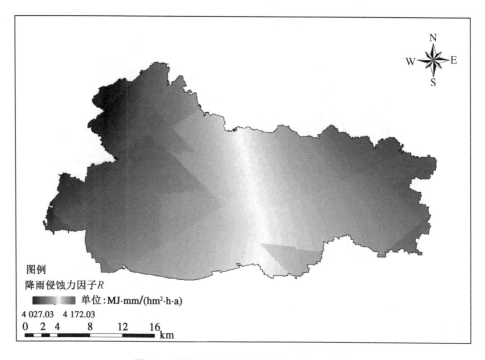

图 4.6　贾汪区降雨侵蚀力因子空间分布图

相差 145 MJ · mm/(hm² · h · a)，平均值为 4 100 MJ · mm/(hm² · h · a)，整体空间差异较小。降雨侵蚀力最大值位于贾汪区汴塘镇。

4.2.2　土壤可蚀性因子分析

土壤可蚀性代表了土壤性质对侵蚀的影响程度。本研究根据水利部下发的栅格数据，生成贾汪区 10 m 分辨率的土壤可蚀性因子结果。K 值越大，意味着土壤越易发生流失现象，对侵蚀的抵御能力越弱；反之，则越强。贾汪区土壤可蚀性因子空间分布结果如图 4.7 所示。

从图 4.7 中可以看出，贾汪区的土壤可蚀性因子 K 值范围为 0.004 5～0.018 2 t/(hm² · a)[或(MJ · mm/(hm² · h · a)]，总体分布呈现北低南高的特征，由北向南递增，东西向变化不明显，以屯头河、西老不牢河以及京杭大运河为界，土壤可蚀性因子较大值主要在水系以南区域，主要集中在塔山镇、大吴街道等，土壤可蚀性因子高值地区属于水土流失的重点区域，是监测工作的重点。土壤可蚀性因子较小值主要分布在水系以北区域，主要集中在老矿街道、江庄镇、

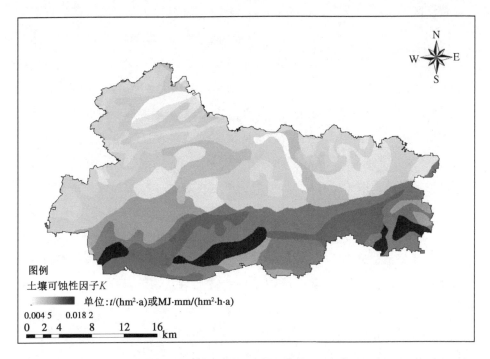

图 4.7　贾汪区土壤可蚀性因子空间分布图

汴塘镇等。贾汪区全区平均 K 值为 0.010 3 t/(hm² · a)（或 MJ · mm/(hm² · h · a)]。贾汪区整体 K 值较小，属于土壤难侵蚀地区。

4.2.3　坡长坡度因子分析

地形影响着土壤植被的形成和发育过程，是引发土壤侵蚀的影响因子之一。其中，坡度是地形影响因素中较为重要的因子。本研究根据坡度分级标准，对贾汪区各坡度等级的面积进行统计分析，详见表 4.3。

表 4.3　贾汪区不同坡度等级面积统计表

编码	分级	面积(km²)	占比(%)	编码	分级	面积(km²)	占比(%)
1	平缓坡	536.45	87.64	4	陡坡	12.23	2.00
2	中等坡	38.11	6.23	5	急坡	2.77	0.45
3	斜坡	22.40	3.66	6	急陡坡	0.14	0.02

贾汪区平缓坡面积为 536.45 km², 占全区总面积的 87.64%；中等坡面积为 38.11 km², 占总面积的 6.23%；斜坡和陡坡面积分别为 22.40 km² 和 12.23 km²，占比分别为 3.66% 和 2.00%；急坡区域面积仅有 2.77 km², 占 0.45%；急陡坡面积所占面积最小，仅有 0.14 km², 约占贾汪区总面积的 0.02%。从坡度分布来看，中部山系与西北部条带状山系的坡度值较大，其余平原地区坡度较缓。

本研究按照符素华提出的坡长、坡度计算公式对收集到的地形数据进行处理，投影变换并重采样成 10 m 空间分辨率栅格图，提取出坡度和坡长数据，计算贾汪区的坡度坡长因子值，从而求得贾汪区坡度坡长 LS 值的取值范围为 0～31.637，平均值为 0.809，其中坡长因子值域为 0～3.17，坡度因子值域为 0.03～9.98。从空间分布上看，地形分布与坡度坡长因子空间分布趋势一致。由于贾汪区分布着鸡鸣山-雷鼓山、圣泉山-督公山等山系，西北部与中部的低山丘陵地势较高，其余区域地势平缓，LS 值整体呈现从西北部向东南递减趋势，与地形空间分布格局大致相同。低山、丘陵区 LS 值较大，在 30 左右。而南部平原农田区域地势平坦，LS 值则普遍较小且分布均匀。

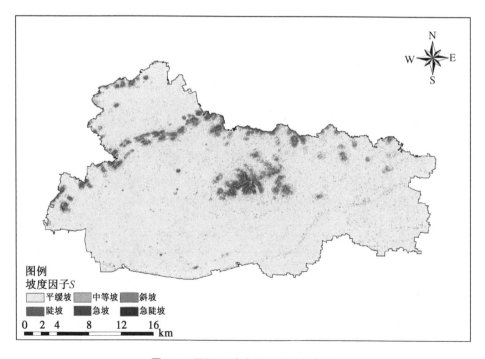

图 4.8 贾汪区坡度因子空间分布图

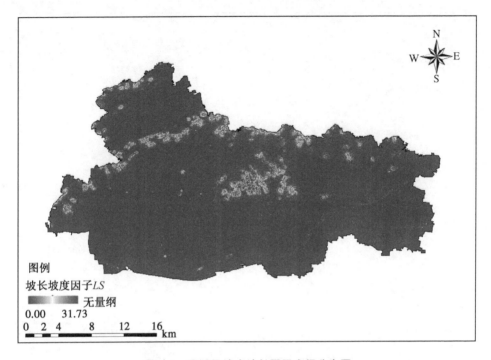

图 4.9 贾汪区坡度坡长因子空间分布图

4.2.4 土壤侵蚀结果计算分析

（1）人为扰动地块侵蚀强度评价

在遥感影像解译过程中，可以明确地判断出一定面积的人为扰动地块，但该区域的侵蚀强度需要根据扰动地块的地面平均坡度和解译的措施或覆盖情况来判定。当地块原地面平均坡度＜5°且林草（或苫盖、硬化）措施面积占比≥50%，其侵蚀强度判定为微度；林草（或苫盖、硬化）措施面积占比＜50%，判定侵蚀强度为轻度；当扰动地块原地面平均坡度为 5°～15°时，判定侵蚀强度为中度；当扰动地块原地面平均坡度为 15°～30°时，强度判定为强烈；当扰动地块原地面平均坡度在 30°以上时，判定该区域侵蚀强度为极强烈。根据侵蚀判定标准，提取出遥感解译过程中的人为扰动地块（如图 4.10 所示），并进行贾汪区平均坡度的计算。贾汪区扰动地块总面积为 27.09 km²，占全区总面积的 4.43%，主要分布在贾汪区中北部的凤鸣湖风景区、中西部的老矿街道以及西南部的大吴街道周边。

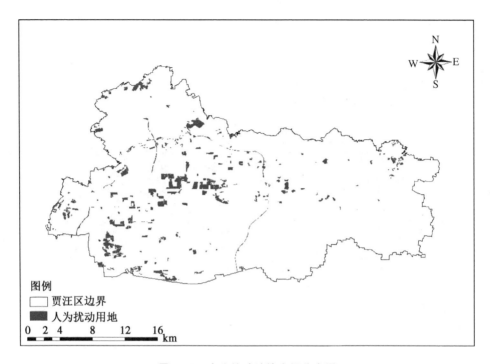

图 4.10 人为扰动地块空间分布图

根据人为扰动地块侵蚀强度的判定,贾汪区人为扰动地块中,微度侵蚀面积为 7.58 km², 占扰动地块总面积的 27.98%;轻度侵蚀面积为 12.92 km², 占扰动地块总面积的 47.69%;中度侵蚀、强烈侵蚀面积为 5.56 km² 和 1.03 km², 分别占 20.52% 和 3.80%;无极强烈及以上侵蚀面积。贾汪区人为扰动地块土壤侵蚀强度分布图如图 4.11 所示。

(2)水土流失侵蚀强度评价

土壤侵蚀模数 A 是指在单位时间里,单位面积的土壤因发生剥蚀分离等物理变化而导致的流失量,它是对土壤流失直观的数字化呈现,单位为 t/(hm²·a)。本研究根据各侵蚀因子的计算结果,通过中国土壤流失方程 CSLE,定量评价贾汪区侵蚀情况。先通过软件 ArcGIS 10.8 的栅格计算器,对各侵蚀因子进行叠乘运算,定量计算贾汪区土壤侵蚀模数 A 值,得到贾汪区侵蚀模数的值域范围为 0~1 178.51 t/(hm²·a)。然后将贾汪区 2021 年监测报告中的土壤侵蚀模数作为真实值,绘制相应的密度散点图(图 4.12),分析计算值与真实值之间的离散性。纵坐标为土壤侵蚀模数计算值,横坐标为土壤侵蚀模数真实值。从图 4.12 可以

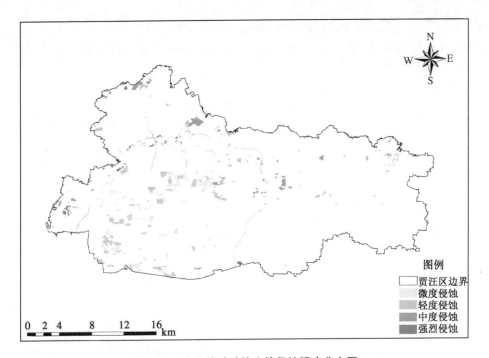

图 4.11 人为扰动地块土壤侵蚀强度分布图

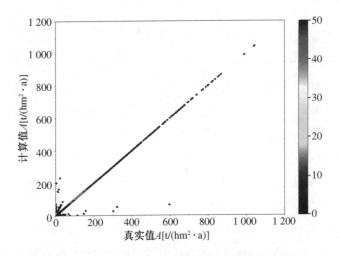

图 4.12 土壤侵蚀模数计算值与真实值密度散点图

看出,绝大多数散点比较一致性地分布在等值线 $y=x$ 上,表明计算值离散程度较低,计算值与真值之间相似性较高。小部分像元点远离 1∶1 线,可能是多尺度分割边界处像元分类结果不一样导致的。

根据计算得到的土壤侵蚀模数,按照分级标准进行强度分级,再叠加人为扰动地块的侵蚀强度判定结果,最终得到贾汪区各级土壤侵蚀强度规模,详见表 4.4。

表 4.4　贾汪区土壤侵蚀面积及比例统计表

不同侵蚀强度面积及比例			水力侵蚀区
微度侵蚀		面积(km²)	540.46
		占土地总面积比例(%)	88.29
水土流失面积及比例	水土流失	面积(km²)	71.65
		占土地总面积比例(%)	11.71
各级土壤侵蚀强度面积及比例	轻度侵蚀	面积(km²)	64.25
		占土地总面积比例(%)	10.50
各级土壤侵蚀强度面积及比例	中度侵蚀	面积(km²)	6.35
		占土地总面积比例(%)	1.04
	强烈侵蚀	面积(km²)	1.05
		占土地总面积比例(%)	0.17
	极强烈侵蚀	面积(km²)	0.00
		占土地总面积比例(%)	0.00

相较于土壤侵蚀模数 A 值,侵蚀强度等级的划分更能反映出贾汪区和局部区域的侵蚀程度。贾汪区土壤侵蚀类型为水力侵蚀,土壤侵蚀强度共有四个等级,而侵蚀面积随着侵蚀强度的增大而呈现递减的整体趋势。贾汪区以微度侵蚀为主,局部地区存在轻度和中度侵蚀,整体侵蚀状况较好。强烈侵蚀面积较小,无极强烈及以上侵蚀。结果显示,贾汪区微度侵蚀面积为 540.46 km²,占贾汪区总面积的 88.29%。水土流失总面积为 71.65 km²,占贾汪区总面积的 11.71%。其中:轻度侵蚀面积为 64.25 km²,占全区总面积的 10.50%;中度侵蚀面积为 6.35 km²,占全区总面积的 1.04%,强烈侵蚀面积为 1.05 km²,占全区总面积的 0.17%。

本研究根据《贾汪区 2021 年水土流失动态监测报告》中的不同侵蚀强度面积计算结果,将由时空融合影像计算得到的土壤侵蚀结果与报告参考值进行精度分析(表 4.5),对比各强度等级对应的水土流失面积。通过数值对比可以看出,融合影像得到的土壤侵蚀计算值与参考值相差较小,平均精度为 98.90%,表明该融合影像计算的水土流失面积精度较高,可用于后续土壤侵蚀动态监测结果的分析研究。

表 4.5 贾汪区土壤侵蚀面积统计

	微度侵蚀(km^2)	轻度侵蚀(km^2)	中度侵蚀(km^2)	强烈侵蚀(km^2)
2021 年计算值	540.46	64.25	6.35	1.05
2021 年真实值	538.87	65.79	6.4	1.04
精度(%)	99.70	97.65	99.22	99.04

4.3 土壤侵蚀动态监测结果分析

CSLE 对土壤侵蚀量的计算是基于不同侵蚀因子的综合作用,其结果由各侵蚀因子共同决定,因而 CSLE 在不同的区域内具有不同的时间动态变化和空间分布特征。本研究在完成各土壤侵蚀因子和侵蚀模数的计算,以及土壤侵蚀强度的判定后,进一步深入研究各因子与侵蚀强度之间的相互作用和深层关系,主要从侵蚀强度的空间分布、年度消长情况以及不同影响因素下的土壤侵蚀状况三个方面进行分析。

4.3.1 土壤侵蚀总体变化特征

贾汪区地势平坦,耕作面积较为广阔,绝大部分区域为平原。区域整体植被覆盖度较高,水土流失呈现微度侵蚀状态。各县区轻度及以上水土流失面积分布见表 4.6,汴塘镇、江庄镇和茱萸山街道水土流失总面积最多,分别为 13.00 km^2、10.95 km^2 和 10.22 km^2;强烈侵蚀集中在青山泉镇和江庄镇,面积分别为 0.56 km^2 和 0.27 km^2;中度侵蚀较大面积集中在江庄镇、汴塘镇和青山泉镇,分别为 1.96 km^2、1.45 km^2 和 1.17 km^2。

根据侵蚀强度分布图(图 4.13)中的色块可以看出,贾汪区整体侵蚀程度较为分散,分化显著。由于中西部地区生产建设项目分布较广,侵蚀情况以轻度侵蚀为主,人为扰动面积较大,分布较为分散,例如西北部的王埠岭、马安村一带,

表4.6 贾汪区各乡镇土壤侵蚀面积统计

县区	总面积（km²）	土壤侵蚀面积（km²）	占乡镇总面积（%）	轻度侵蚀面积（km²）	占土壤侵蚀面积（%）	中度侵蚀面积（km²）	占土壤侵蚀面积（%）	强烈侵蚀面积（km²）	占土壤侵蚀面积（%）
江庄镇	75.77	10.95	14.45	8.72	79.63	1.96	17.90	0.27	2.47
青山泉镇	61.13	8.23	13.46	6.50	78.98	1.17	14.22	0.56	6.80
老矿街道	22.52	2.16	9.59	1.98	91.67	0.11	5.09	0.07	3.24
大泉街道	38.20	4.57	11.96	3.84	84.03	0.67	14.66	0.06	1.31
茱萸山街道	52.73	10.22	19.38	9.56	93.54	0.57	5.58	0.09	0.88
汴塘镇	98.20	13.00	13.24	11.55	88.85	1.45	11.15	0.00	0.00
潘安湖街道	36.45	3.80	10.43	3.80	100.00	0.00	0.00	0.00	0.00
工业园区	29.40	1.73	5.88	1.55	89.60	0.18	10.40	0.00	0.00
大吴街道	35.05	2.88	8.22	2.82	97.92	0.06	2.08	0.00	0.00
紫庄镇	66.34	5.34	8.05	5.20	97.38	0.14	2.62	0.00	0.00
塔山镇	96.32	8.77	9.11	8.73	99.54	0.04	0.46	0.00	0.00
总计	612.11	71.65	11.71	64.25	89.67	6.35	8.86	1.05	1.47

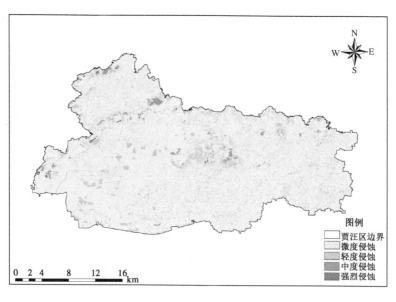

图4.13 贾汪区土壤侵蚀强度空间分布图

西南部的金场村、瓦庄村一带,中部的庐山村一带等区域,轻度流失面积较多。而位于西北部地区的低山丘陵地区以及中部地区的大洞山,水土流失强度较大,具体表现为中度侵蚀和强烈侵蚀。该区域海拔和坡度较大,且受采矿垦殖等人为活动因素的影响,导致部分山体岩石裸露,易发生水土流失现象。

参考《贾汪区 2020 年水土流失动态监测报告》,2020 年贾汪区水土流失面积为 89.50 km²,与监测报告数据相比,2021 年水土流失计算面积为 71.65 km²,减少了 17.85 km²。其中,轻度侵蚀面积减少了 7.64 km²,中度侵蚀面积减少了 3.47 km²,强烈侵蚀及以上面积减少了 6.74 km²(详见表 4.7)。土壤侵蚀整体呈面积减少、强度减弱的趋势,强烈及以上水土流失面积急剧减少,这表明贾汪区总体水土流失状况转好,各项水土保持措施和工作发挥了一定的作用。

表 4.7 贾汪区 2021 年度水土流失年度变化情况

行政区划	年度	水土流失面积(km²)			
		合计	轻度侵蚀	中度侵蚀	强烈侵蚀及以上
贾汪区	2021 年度计算值	71.65	64.25	6.35	1.05
	2020 年度	89.50	71.89	9.82	7.79
	变化情况	−17.85	−7.64	−3.47	−6.74

以 2020 年动态监测数据为基准,对比 2021 年土壤侵蚀计算值,水土流失变化的原因可归结为以下几个方面:①贾汪区近年来以生态清洁小流域为主要抓手,组织开展了水土保持综合治理工作,并加大了对生态环境保护和治理的投资,完成了白马河小流域综合治理工程,提高了林木水源涵养能力和植被蓄水保土作用,有效减少了水土流失面积。②造林、还林等措施初见成效,植被覆盖度显著提高,一定程度上缓解了水土流失现象。③贾汪区水行政主管部门加大了监督执法力度,定期对生产建设项目的水土保持工作进行抽查,从而有效降低了由生产建设活动等人为扰动造成的水土流失,使得整体水土流失状况变好。

4.3.2 不同坡度带下的土壤侵蚀状况分析

坡度能直接影响土壤侵蚀的发生,是用来评价地形特征的指标之一。通过对高程数据的坡度提取,并按照坡度带等级进行坡度重分类,贾汪区可划分为6个等级。与侵蚀强度等级计算结果进行叠加处理,可得到各坡度带对应的水土流失规模及分布特征,如图 4.14 和表 4.8 所示。

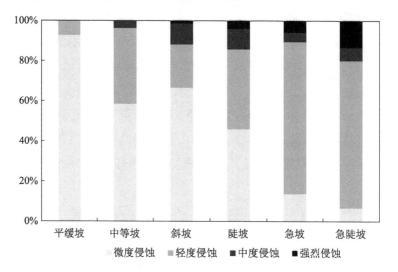

图 4.14 不同坡度带下的各土壤侵蚀强度面积比例

表 4.8 不同坡度等级土壤侵蚀面积统计

坡度带	不同强度土壤侵蚀面积(km²)			
	微度侵蚀	轻度侵蚀	中度侵蚀	强烈侵蚀
平缓坡	497.37	37.89	1.26	0.03
中等坡	22.24	14.42	1.35	0.06
斜坡	14.86	4.85	2.35	0.29
陡坡	5.60	4.88	1.25	0.49
急坡	0.38	2.10	0.13	0.16
急陡坡	0.01	0.11	0.01	0.02

从表 4.8 可以看出,各坡度等级均含有不同强度类型的水土流失,总体呈现水土流失面积随强度等级的增长而减少的趋势。从各坡度等级对应的侵蚀面积来看,各等级侵蚀面积主要集中在 0°～25°的范围内。其中,0°～5°的平缓坡所涉及的各强度水土流失面积是最为广泛的,土壤侵蚀面积为 536.55 km²,占贾汪

区总面积的 87.66%；5°～8°的中等坡的土壤侵蚀面积次之，共 38.07 km²，占比为 6.22%；8°～15°的斜坡、15°～25°的陡坡的土壤侵蚀面积较少，分别为 22.35 km² 和 12.22 km²，占比为 3.65% 和 2.00%。急坡及其以上等级的土壤侵蚀面积最少，总计 2.92 km²，仅占贾汪区总面积的 0.48%。

从各强度土壤侵蚀面积来看，微度侵蚀在各坡度带分布较广。其中平缓坡微度侵蚀面积最大，为 497.37 km²，占总微度侵蚀面积的 92.03%，主要是因为贾汪区地势平缓，大面积的耕地坡度较小，产生的水土流失强度较低。轻度和中度侵蚀面积则主要集中在平缓坡、中等坡和斜坡三个坡度带。而强烈侵蚀面积主要集中在斜坡及以上等级坡度带，且坡度越大，该区域中强烈侵蚀面积所占比例越大，表明高坡度是造成较强水土流失的重要因素之一。因此，在进行水土流失防治过程中，应重点关注平缓坡及中等坡两个坡度带；而对于斜坡及以上坡度带，应重点考虑较高强度的水土流失防治措施，以减少强烈及以上程度的水土流失。

4.3.3 不同土地利用类型下的土壤侵蚀状况分析

土地利用类型是土壤侵蚀的基本要素，在土壤侵蚀发展中发挥举足轻重的作用。不同地物类型、面积、数量以及空间构造均会对土壤侵蚀造成一定差异，缺乏科学性的开发利用也会加剧水土流失的发生。因此，分析这种情况下的土壤侵蚀状况，对评估和防治水土流失现象具有重要的指导价值。

不同土地利用类型对应的各侵蚀强度面积差异较大，本研究利用 ArcGIS 10.8 软件对土地利用类型和侵蚀强度计算结果进行叠加计算，并对不同土地类型对应的侵蚀强度结果进行分析。下文主要整理了贾汪区一级类土地利用类型，分析各类型土地利用方式下的土壤侵蚀情况，详见图 4.15 和表 4.9。

从表 4.9 可以看出，微度侵蚀主要以耕地和建设用地为主，侵蚀面积分别为 261.84 km² 和 119.48 km²，占微度侵蚀总面积的 48.45% 和 22.11%。轻度侵蚀面积较大的土地利用类型依旧是耕地和建设用地，面积分别为 40.90 km² 和 12.86 km²，占轻度侵蚀总面积的 63.66% 和 20.02%。中度侵蚀和强烈侵蚀均主要集中在建设用地，面积分别为 5.54 km² 和 1.02 km²，分别占对应侵蚀强度总面积的 87.24% 和 97.14%。

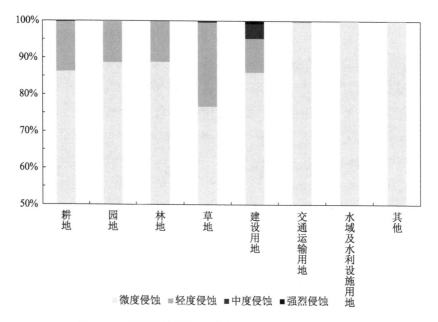

图 4.15 不同土地利用类型的各土壤侵蚀强度面积比例

表 4.9 不同土地利用类型对应的土壤侵蚀规模统计

土地利用一级类	土壤侵蚀面积（km²）			
	微度侵蚀	轻度侵蚀	中度侵蚀	强烈侵蚀
耕地	261.84	40.90	0.70	0.00
园地	10.63	1.36	0.00	0.00
林地	49.83	6.21	0.04	0.01
草地	9.49	2.83	0.04	0.01
建设用地	119.48	12.86	5.54	1.02
交通运输用地	46.54	0.09	0.03	0.01
水域及水利设施用地	42.59	0.00	0.00	0.00
其他	0.06	0.00	0.00	0.00

从土壤侵蚀面积来看，耕地和建设用地所占比例较高。林地、草地、建设用地和交通运输用地共涉及四个强度的土壤侵蚀面积。整体来看，各土地利用类型土壤侵蚀强度均以微度侵蚀和轻度侵蚀为主。其中，耕地微度和轻度侵蚀面

积分别为 261.84 km² 和 40.90 km²,分别占对应侵蚀强度总面积的 48.45% 和 63.66%。由于耕地缺少有效的防治措施,且常进行大规模的社会生产活动,因而容易导致水土流失。园地土壤侵蚀共分为微度和轻度两个等级,面积分别为 10.63 km² 和 1.36 km²。林地、草地因植被覆盖度的区别,共涉及四个侵蚀强度等级的水土流失面积,主要以微度和轻度侵蚀为主,中度及强烈侵蚀主要受山间林地的地势较为陡峭的影响。建设用地中,各侵蚀强度面积占比均较大,微度、轻度、中度及强烈面积分别占各侵蚀强度总面积的 22.11%、20.02%、87.24% 和 97.14%。中度和强烈侵蚀面积主要以建设用地为主,这是因为受大规模的人为扰动,建设用地易产生大量的水土流失。交通运输用地中,99.72% 的面积为微度侵蚀,涉及的轻度侵蚀及以上面积较小。水域及水利设施用地和其他土地利用类型均未产生相应水土流失面积,根据侵蚀强度等级划分,均属于微度侵蚀。综上,耕地、林草地和建设用地三类应为贾汪区水土流失防治关注的重点。

如果对各土地类型进行不科学不合理的开发利用,且未设置相应的水土保持措施进行预防,就必定会加重水土流失现象,从而破坏生态环境。因此,应合理进行土地利用类型的布设,减少不合理的土地开发和利用,增强水土保持措施,加大水土保持林的栽植培育。

4.3.4 不同植被覆盖度下的土壤侵蚀状况分析

植被覆盖对水土流失治理具有重要的意义。增加植被覆盖的措施不限于大规模的专属林地、林场等建设,还包括植被的生产种植、绿化改造、退耕还林等自然恢复措施。本研究结合植被覆盖数据等级划分以及侵蚀强度分级结果进行叠加计算,分析不同植被覆盖度下的侵蚀强度分布情况。

从表 4.10 中可以看出,各等级植被覆盖度对应的土壤侵蚀面积分别为 7.29 km²、54.63 km²、120.57 km²、325.45 km² 和 104.17 km²。贾汪区的土壤侵蚀主要发生在 45%～75% 的植被覆盖范围(中覆盖及中高覆盖)内。该植被覆盖区间范围内的侵蚀面积占贾汪区总侵蚀面积的 72.87%,远大于其他覆盖度条件下的土壤侵蚀面积。这是因为该区间范围内所占土地面积较大,涉及各侵蚀强度面积也最广。该区间范围内的微度侵蚀面积为 390.52 km²,占微度侵蚀总面积的 72.26%;轻度、中度侵蚀面积分别为 49.58 km² 和 4.87 km²,分别占对应侵蚀强度总面积的 77.17% 和 76.69%;强烈侵蚀面积为 1.05 km²,占强烈侵蚀总面积的 100%。随着覆盖度从低到中高等级的增长,侵蚀面积整体呈增大趋势。而高覆盖度区域,以微度侵蚀面积为主,轻度侵蚀面积次之(详见图 4.16)。

表 4.10 不同植被覆盖度的土壤侵蚀强度规模统计

植被覆盖度	不同强度土壤侵蚀面积(km^2)			
	微度侵蚀	轻度侵蚀	中度侵蚀	强烈侵蚀
低覆盖	7.00	0.03	0.26	0.00
中低覆盖	49.85	3.70	1.08	0.00
中覆盖	106.08	11.96	1.86	0.67
中高覆盖	284.44	37.62	3.01	0.38
高覆盖	93.09	10.94	0.14	0.00

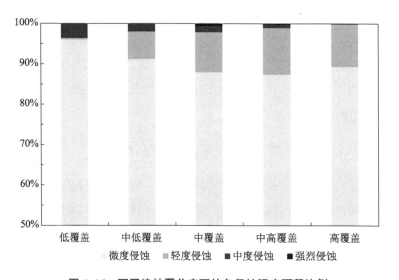

图 4.16 不同植被覆盖度下的各侵蚀强度面积比例

4.4 本章小结

本章基于时空融合影像及 CSLE 模型,完成了对贾汪区 2021 年各土壤侵蚀因子和土壤侵蚀模数的定量计算,并进行土壤侵蚀强度的判定,然后参考《贾汪区 2021 年水土流失动态监测报告》中的统计数据进行各侵蚀强度面积的精度验证,最后从土壤侵蚀总体变化特征、年度消长情况以及不同影响因素和侵蚀强度间的关系三方面进行分析,得到以下主要结论。

(1) 选用 STARFM_NND 时空融合方案进行融合处理,并基于高分辨率融合影像,采用目视解译法对融合影像进行解译,从而得到贾汪区一、二级类不同土地利用类型规模和面积占比。贾汪区地物类型以耕地和建设用地为主,分别占贾汪区总面积的 49.75% 和 22.69%。再根据识别到的园地、林地和草地地块,结合年均植被覆盖度进行不同等级覆盖度面积的统计。贾汪区整体植被状况良好,中高覆盖度空间分布较大。

(2) 依据土地利用类型分类结果,基于 CSLE 模型中各因子的计算公式和赋值情况,定量计算各侵蚀因子值及土壤侵蚀模数,绘制相应的空间分布图进行分析,并对人为扰动地块进行单独提取处理。按照强度评判标准进行划分,贾汪区水力侵蚀以微度侵蚀和轻度侵蚀为主,侵蚀面积分别为 540.46 km² 和 64.25 km²,占贾汪区总面积的 88.29% 和 10.50%。中度侵蚀面积为 6.35 km²,占 1.04%。强烈侵蚀面积为 1.05 km²,仅占贾汪区总面积的 0.17%,且无极强烈及以上强度侵蚀面积。计算结果与监测报告的各侵蚀强度面积参考值相差较小,平均精度在 98.90%,侵蚀结果计算值精度较高。

(3) 由于贾汪区地势平坦,耕作面积较为广泛,土壤侵蚀总体呈现微度侵蚀状态。较高侵蚀强度主要集中在人为扰动的生产建设项目区域,受人为活动影响较大,水土流失强度较大。而对比 2020 年动态监测结果,贾汪区年度消长情况呈现转好的态势,水土保持综合治理起到了一定的防治作用。

(4) 基于土壤侵蚀强度与各影响因素的叠加,分析贾汪区水土流失防治的重点。基于不同坡度带,平缓坡和中等坡应关注微度及轻度侵蚀的防治,而斜坡及以上坡度带应重点考虑较高强度的水土流失防治措施。基于不同土地利用类型,应以耕地、林草地和建设用地三大类土地利用类型为水土流失防治关注的重点。基于不同植被覆盖度,则需侧重于 45%～75% 的植被覆盖度范围内的治理。

5

结论与展望

5.1 结论

本研究选取徐州市贾汪区为研究对象,收集了研究区降雨、地形、土壤等基础数据,整理了土壤侵蚀模数强度、坡度带和植被覆盖度等分级标准,并对Landsat 8 和国产高分遥感影像进行大气校正、波段处理、影像裁剪等预处理,为时空融合实验做好了可靠的遥感数据准备。首先对全色波段与多光谱的融合质量进行评价,从六种融合变换中挑选出最佳融合方法。其次,选用两种时空融合模型,共进行四种时空融合方案的尝试,对具有代表性的地物突变区域进行融合预测,并从目视、指标和效率三方面进行效果评价,确定最佳融合方案,用于土地利用类型的解译。最后,根据融合影像解译结果和各土壤侵蚀因子的计算方法,基于中国土壤流失方程 CSLE,进行土壤侵蚀模数的定量估算,按照侵蚀强度统计并分析。本研究的主要成果如下。

(1)对比全色与多光谱六种融合变换结果,从主客观两方面进行评价,从而得出结论:NND 变换的相关系数、信息熵值等指标表现最好,光谱扭曲度最小,融合效果最佳。相较于其他融合方法,NND 变换在信息量、光谱保真度和清晰度上均有明显的增强,且与原始多光谱色调和亮度相近。因此,本研究选择NND 变换作为全色与多光谱融合的最优融合方法,为后续时空融合算法研究做准备。

(2)在进行时空融合的过程中,共进行四种时空融合方案(STARFM、STARFM_NND、FSDAF、FSDAF_NND)的精度比较,分别从目视评价、指标定量评价和效率评价三方面对选定的四个具有代表性的地物类型转变区域进行分析。通过多角度对比,最终确定 STARFM_NND 融合方案影像质量最优,融合效果最佳,预测精度较高,能清晰地反映出地物类型的变化,有利于后续土地利用类型的解译。

(3)通过 STARFM_NND 时空融合方案得到贾汪区 2021 年融合影像,并根据二级类土地利用类型进行目视解译。根据解译后的结果,结合降雨、土壤和地形等资料,分别按照 CSLE 模型各因子的计算方法,定量估算各侵蚀因子值及土壤侵蚀模数,并对人为扰动地块进行单独提取处理。根据强度评判标准进行划分,贾汪区以微度和轻度侵蚀为主。贾汪区微度、轻度、中度和强烈侵蚀面积分别为 540.46 km²、64.25 km²、6.35 km² 和 1.05 km²,分别占贾汪区总面积的 88.29%、10.50%、1.04% 和 0.17%。计算结果与监测报告的各侵蚀强度面积参考值相比,误差较小,侵蚀结果计算值精度较高,均在 97% 以上。

(4) 根据 2021 年贾汪区水土流失估算情况,对其空间分布、年度消长情况、以及不同影响因素下的土壤侵蚀情况进行分析。贾汪区地势平坦,绝大部分区域为平原耕地,山区园林草植被覆盖度较高,土壤侵蚀呈现微度侵蚀状态,轻度及以上强度主要分布在人为扰动地块和坡度较大的区域。对比 2020 年动态监测结果,贾汪区年度消长情况呈现转好的态势,水土保持综合治理起到了一定的防治作用。而基于土壤侵蚀强度与各影响因素的叠加分析来看,对于不同坡度等级,平缓坡和中等坡应关注微度及轻度侵蚀的防治,斜坡及以上坡度带应重点考虑较高强度的水土流失防治措施。就不同土地利用类型而言,应以耕地、林草地和建设用地三大类土地利用类型为水土流失防治关注的重点。就不同植被覆盖度而言,则需侧重于 45%～75% 的植被覆盖度范围内的治理。

5.2 展望

本研究基于多源遥感时空融合模型,结合中国土壤流失方程 CSLE,对贾汪区的 2021 年的土壤侵蚀情况进行了估算和分析。研究选用了常见的时空融合方法及各土壤侵蚀因子计算公式。而随着研究的逐步推进以及对研究区的深入了解,研究者发现研究在以下方面仍存在问题和不足,还待进一步改进和完善。

(1) 研究全色与多光谱融合过程中,仅采用真彩色(红、绿、蓝)三波段和全色波段进行融合分析,对于其他波段是否能对各时空融合结果造成影响,能否提高相应精度等规律的研究,是未来可以考虑的方向。尤其可以尝试将近红外波段替换掉蓝色波段,以红、绿、近红外三波段进行融合试验。

(2) 由于收集到的 Landsat 和高分数据时间匹配度上并不完美,且选用的

STARFM、FSDAF 时空融合模型普遍应用于 MODIS 和 Landsat 遥感数据的融合,因此在后续研究中,应针对 Landsat 8 和高分遥感影像的具体光谱特征,开发专门的时空融合模型,从而有效提高融合精度。或进一步利用 2020 年、2021 年的高低分辨率影像,选取 ESTARFM、H-SRFM 等双数据构建融合模型,对比分析各模型间融合效果,从中挑选出最优融合模型,以便于后续土地利用类型的解译工作,从而实现研究区高分辨率影像的连续性融合预测。

(3) 所采用的 CSLE 公式中的各土壤侵蚀因子均选自水利部下发的水土流失动态监测技术指南,其探索性研究具有一定的参考价值和借鉴意义,但并未深入探索各因子计算方法对贾汪区各区域的适用性。且本研究结合 2021 年贾汪区一年的各项指标数据进行土壤侵蚀模数的定量估算,缺乏长时间序列的实地资料和土壤侵蚀研究,时间跨度不够,无法进行多年度间的横向对比,对水土流失的动态变化过程研究不足。后续可收集贾汪区内的长时间序列资料,以进一步深入研究土壤侵蚀的动态变化。

参 考 文 献

［1］汪涛.三峡库区土壤侵蚀遥感监测及其尺度效应［D］.武汉：华中农业大学,2011.

［2］高峰.基于 GIS 和 CSLE 的区域土壤侵蚀定量评价研究［D］.南宁：广西师范学院,2014.

［3］杨勤科,李锐,曹明明.区域土壤侵蚀定量研究的国内外进展［J］.地球科学进展,2006,21
(8)：849-856.

［4］WISCHMEIER W H, SMITH D D. Rainfall energy and its relationship to soil loss［J］.
Trans. am. gephys. union, 1958, 39(2)：285-291.

［5］WISCHMEIER W H, SMITH D D. Predicting rainfall-erosion losses from cropland east
of the Rocky Mountains［M］. Agricultural Handbook,1965.

［6］RENARD K G, Ferreira V A. RUSLE model description and database sensitivity［J］.
Journal of Environmental Quality, 1993, 22(3)：458-466.

［7］FLANAGAN D C, ASCOUGH J C, NEARING M A, et al. The Water Erosion
Prediction Project (WEPP) Model［M］. Springer US, 2001.

［8］NEITSCH S L, ARNOLD J G, KINIRY J R, et al. Soil and water assessment tool［M］.
Users Manual Version, 2005.

［9］MISRA R K, ROSE C W. Application and sensitivity analysis of process-based erosion
model GUEST［J］. European Journal of Soil Science, 1996, 47(4)：593-604.

［10］DE ROO A P J. The lisem project：an introduction［J］. Hydrological Processes, 1996, 10
(8)：1021-1025.

［11］MORGAN R P C, QUINTON J N, SMITH R E, et al. The European Soil Erosion
Model (EUROSEM)：a dynamic approach for predicting sediment transport from fields
and small catchments［J］. Earth Surface Processes and Landforms, 1998, 23(6)：527-544.

［12］刘善建.天水水土流失测验的初步分析［J］.科学通报,1953(12)：59-65.

［13］黄秉维.陕甘黄土区域土壤侵蚀的因素和方式［J］.地理学报,1953,19(2)：163-186.

［14］朱显谟.黄土地区植被因素对于水土流失的影响［J］.土壤学报,1960,8(2)：110-121.

［15］林素兰,黄毅,聂振刚,等.辽北低山丘陵区坡耕地土壤流失方程的建立［J］.土壤通报,
1997,28(6)：251-253.

[16] 杨武德,王兆骞,眭国平,等.红壤坡地不同利用方式土壤侵蚀模型研究[J].土壤侵蚀与水土保持学报,1999,5(1):52-58+68.

[17] 江忠善,郑粉莉,武敏.中国坡面水蚀预报模型研究[J].泥沙研究,2005(4):1-6.

[18] 花利忠,贺秀斌,朱波.川中丘陵区小流域土壤侵蚀空间分异评价研究[J].水土保持通报,2007,27(3):111-115.

[19] 刘宝元,张科利,焦菊英.土壤可蚀性及其在侵蚀预报中的应用[J].自然资源学报,1999,14(4):345-350.

[20] 符素华,刘宝元.土壤侵蚀量预报模型研究进展[J].地球科学进展,2002,17(1):78-84.

[21] 王略,屈创,赵国栋.基于中国土壤流失方程模型的区域土壤侵蚀定量评价[J].水土保持通报,2018,38(1):122-125,130.

[22] 曾舒娇.年内植被变化影响下的水土流失监测与分析[D].福州:福州大学,2018.

[23] 冯雨林,杨佳佳,王晓光.基于GIS技术的水土流失遥感定量评价研究进展[J].地质与资源,2018,27(3):279-283.

[24] 侯成磊,王秦湘,侯芳,等.基于RS和GIS的库尔勒市水土流失定量监测[J].西部大开发:土地开发工程研究,2019(4):1-7.

[25] 宋媛媛,邢先双,齐斐,等.农林开发活动时空分布及水土流失特征[J].中国水土保持科学,2020,18(5):104-111.

[26] 田金梅,李小兵,高璐媛,等.县域尺度水土流失遥感定量监测[J].水土保持应用技术,2021(1):43-45.

[27] 孙家抦.遥感原理与应用[M].武汉:武汉大学出版社,2009.

[28] 贾永红,李德仁,孙家抦.多源遥感影像数据融合[J].遥感技术与应用,2000,15(1):41-44.

[29] POHL C, VAN GENDEREN J. Review article Multisensor image fusion in remote sensing: Concepts, methods and applications[J]. International Journal of Remote Sensing, 1998, 19(5): 823-854.

[30] GHASSEMIAN H. A review of remote sensing image fusion methods[J]. Information Fusion, 2016, 32: 75-89.

[31] ZHU X L, BAO W X. Investigation of Remote Sensing Image Fusion Strategy Applying PCA to Wavelet Packet Analysis Based on IHS Transform[J]. Journal of the Indian Society of Remote Sensing, 2019, 47(3): 413-425.

[32] ZHU X L, BAO W X. Comparison of Remote Sensing Image Fusion Strategies Adopted in HSV and IHS[J]. Journal of the Indian Society of Remote Sensing, 2017, 46(4):

377-385.

[33] POHL C. Geometric Aspects of Multisensor Image Fusion for Topographic Map Updating in the Humid Tropics[M]. ITC Publication，1996.

[34] SUN W H，CHEN B，MESSINGER D W. Nearest-neighbor diffusion-based pan-sharpening algorithm for spectral images[J]. Optical Engineering，2013，53(1)：013107.

[35] GAO F，MASEK J G，SCHWALLER M R，et al. On the Blending of the Landsat and MODIS Surface Reflectance：predicting daily Landsat surface reflectance[J]. IEEE Transactions on Geoscience and Remote Sensing，2006，44(8)：2207-2218.

[36] HILKER T，WULDER M A，COOPS N C，et al. Generation of dense time series synthetic Landsat data through data blending with MODIS using a spatial and temporal adaptive reflectance fusion model[J]. Remote Sensing of Environment，2009，113(9)：1988-1999.

[37] ZHU X L，HELMER H E，GAO F，et al. A flexible spatiotemporal method for fusing satellite images with different resolutions[J]. Remote Sensing of Environment，2016，172：165-177.

[38] ZHU X L，CHEN J，GAO F，et al. An enhanced spatial and temporal adaptive reflectance fusion model for complex heterogeneous regions[J]. Remote Sensing of Environment，2010，114(11)：2610-2623.

[39] GUO D Z，SHI W Z，HAO M，et al. FSDAF 2.0：Improving the performance of retrieving land cover changes and preserving spatial details[J]. Remote Sensing of Environment，2020，248：111973.

[40] 张爱竹,王伟,郑雄伟,等.一种基于分层策略的时空融合模型[J].自然资源遥感,2021,33(3)：18-26.

[41] 王爱娟,曹文华.水土流失动态监测技术问题解析[J].中国水土保持,2019(12)：5-6,45.

[42] 王涵,赵文武,贾立志.近10年土壤水蚀研究进展与展望：基于文献计量的统计分析[J].中国水土保持科学(中英文),2021,19(1)：141-151.

[43] 陈启英.基于多源遥感数据时空融合的喀斯特地区植被覆盖度及动态变化分析[D].贵阳：贵州师范大学,2020.

[44] WISCHMEIER W H，SMITH D D. Predicting rainfall erosion losses：a guide to conservation planning[G]// Agriculture Handbook 537. Washington，DC：US Department of Agriculture，1978.

［45］ WILLIAMS J R, RENARD K G, DYKE P T. EPIC, Method for Assessing Erosion's Effects on Soil Productivity［J］. Journal of Soil and Water Conservation, 1983, 38(5)：381-383.

［46］ 符素华,刘宝元,周贵云,等.坡长坡度因子计算工具［J］.中国水土保持科学,2015,13(5)：105-110.

［47］ 陈羽璇.基于 GIS 和 CSLE 模型的珠江流域土壤侵蚀评价与制图［D］.西安：西北大学,2021.

［48］ 马超飞,马建文,布和敖斯尔.USLE 模型中植被覆盖因子的遥感数据定量估算［J］.水土保持通报,2001,21(4)：6-9.

［49］ 胡芬,金淑英.高分辨率光学遥感卫星宽幅成像技术发展浅析［J］.地理信息世界,2017,24(5)：45-50.

［50］ 武艺,文先华.利用 ENVI 软件处理遥感影像［J］.科技信息,2011(16)：376-377.

［51］ 刘羽.像素级多源图像融合方法研究［D］.合肥：中国科学技术大学,2016.

［52］ ZHU X L, HELMER H E, GAO F, et al. Lefsky. A flexible spatiotemporal method for fusing satellite images with different resolutions［J］. Remote Sensing of Environment, 2016, 172：165-177.

［53］ 黄永喜,李晓松,吴炳方,等.基于改进的 ESTARFM 数据融合方法研究［J］.遥感技术与应用,2013,28(5)：753-760.

［54］ ZHOU J X, CHEN J, CHEN X H, et al. Sensitivity of six typical spatiotemporal fusion methods to different influential factors：A comparative study for a normalized difference vegetation index time series reconstruction［J］. Remote Sensing of Environment：an Interdisciplinary Journal, 2021, 252：112130.